Swift 3
开发指南

博为峰 51Code 教研组◎组编

人民邮电出版社

北京

图书在版编目（C I P）数据

Swift 3开发指南 / 博为峰51Code教研组组编. -- 北京：人民邮电出版社，2017.6
ISBN 978-7-115-45387-7

Ⅰ. ①S… Ⅱ. ①博… Ⅲ. ①程序语言－程序设计－指南 Ⅳ. ①TP312-62

中国版本图书馆CIP数据核字(2017)第083673号

内 容 提 要

本书是基于Xcode 8编写而成的,通过大量通俗易懂的案例全面讲解了Swift语言开发的相关内容。书中包含常量与变量、基本数据类型,以及Swift语言中的新数据类型—元组型和可选型的内容。同时,本书中还讲解了运算符和表达式、流程控制语句、字符和字符串、collection类型、函数和闭包。此外,Swift面向对象的枚举、结构体、类,以及内存管理、协议与抽象类型、错误处理、链式编程等内容本书也有所涉及。本书最后的两章讲解了实战项目开发的内容,供读者学以致用。

本书适合iOS开发者、其他移动开发平台开发者,或者有兴趣从事iOS开发的读者阅读,也适合作为大专院校计算机专业的师生用书和培训学校的教材。

◆ 组　　编　博为峰 51Code 教研组
　　责任编辑　张　涛
　　责任印制　焦志炜

◆ 人民邮电出版社出版发行　　北京市丰台区成寿寺路 11 号
　　邮编 100164　　电子邮件 315@ptpress.com.cn
　　网址 http://www.ptpress.com.cn
　　固安县铭成印刷有限公司印刷

◆ 开本：800×1000　1/16
　　印张：13.5　　　　　　　　　2017 年 6 月第 1 版
　　字数：323 千字　　　　　　　2025 年 2 月河北第 4 次印刷

定价：49.00 元

读者服务热线：(010)81055410　印装质量热线：(010)81055316
反盗版热线：(010)81055315

前　　言

Swift 语言从发布至今，版本在不断地更新。Swift 3 是苹果公司在 2016 年 6 月发布的 Swift 语言的最新版本，它是 Swift 语言的一个重大的里程碑。在本书编写时，Xcode 8 仍处于测试版阶段，因此，本书内容基于 Xcode 8.0 Beat 版编写。

本书内容

我们团队编写本书的目的是满足从事 iOS 开发的广大读者学习 Swift 3 语言的需要。同时，已有 Objective-C 开发经验的人员通过阅读本书能够快速转型到使用 Swift 语言开发 iOS 应用。

本书共分为五大部分。

第一部分为基础语法篇，共 7 章，主要介绍 Swift 语言的基础知识。

第 1 章主要对 Swift 语言进行简单的介绍，Xcode 的安装、卸载以及使用，如何阅读 Swift 开发文档，并介绍了如何使用 Xcode 的 Playground 编写和运行 Swift 程序代码等内容。

第 2 章主要介绍 Swift 语言的基本语法，包括标识符、关键字、表达式、语句、注释、常量和变量，以及 Swift 的基本数据类型，例如整型、浮点型、元组型、可选类型等内容。

第 3 章主要介绍 Swift 语言的运算符和表达式，包括算术运算符、赋值运算符、关系运算符、逻辑运算符、条件运算符等内容。

第 4 章主要介绍 Swift 语言的流程控制语句，包括循环语句（for in、while、repeate-while），分支语句（if、switch），控制转移语句（continue、break、fallthrough），语句嵌套等内容。

第 5 章主要介绍 Swift 语言的字符和字符串，包括获取字符串的长度、字符串的比较，字符串前缀后缀，字符串大小写转换，字符串的插入、添加、删除、提取、替换、遍历等常见操作，以及 String 与 NNString 的关系等内容。

第 6 章主要介绍 Swift 语言的 Collection 类型，包括数组、字典和集合类型等内容。

第 7 章主要介绍 Swift 语言的函数和闭包，包括函数的声明和调用、参数、返回值，函数类型、泛型和泛型函数，闭包的概念、表达式，尾随闭包和捕获值等内容。

第二部分为面向对象篇，共 4 章，主要介绍 Swift 语言面向对象的相关知识。

第 8 章主要介绍 Swift 语言的面向对象编程、枚举的定义和方法、值枚举和类型枚举等内容。

第 9 章主要介绍 Swift 的结构体，包括结构体的定义、属性、方法、构造器，以及结构体嵌套、可选链、扩展等内容。

第 10 章主要介绍 Swift 的类，包括类和结构体的区别、类的属性和方法、继承多态、重载、构造、类型检测，以及类对象的内存管理等内容。

第 11 章主要介绍 Swift 的协议与抽象类型，包括声明协议和遵守协议、协议的属性和方法、抽象类型等内容。

第三部分为错误处理篇，共 1 章，主要介绍 Swift 语言在实际开发应用中如何进行错误处理。

第 12 章主要介绍在使用 Swift 语言进行实际开发中遇到错误，如何来捕捉和处理错误等内容。

第四部分为 Swift 与 Objective-C 对比篇，共两章，主要介绍如何在 Swift 项目中调用 Objective-C 代码，以及 Swift 语言的优势。

第 13 章主要介绍 Swift 与 Objective-C 的区别，以及如何在 Swift 项目中调用 Objective-C 代码等内容。

第 14 章主要介绍 Swift 可以支持链式编程等内容的优势。

第五部分为项目实战篇，共两章，主要介绍如何使用 Swift 语言开发汽车商城项目。

第 15 章主要介绍 iOS 应用开发的一般流程，使用纯 Swift 代码来完成汽车商城项目等内容。

第 16 章主要介绍对 iOS 应用开发中的项目进行测试，我们以汽车商城项目为例，对该项目进行测试。

读者可以扫描如下二维码，观看本书配套视频。

扫码观看本书配套视频

致谢

首先，感谢您选择本书，希望本书能够切实帮助您解决在实际开发中遇到的一些困难。

此外，感谢我们团队每一位成员的努力，这让我们用短短几个月的时间完成了本书的编写工作。

由于时间仓促，书中难免存在不妥之处。如果读者在使用本书时，发现差错或遇到问题，敬请批评指证，并请将指正内容发至本书编辑邮箱 zhangshuang@ptpress.com.cn。

博为峰 51Code 教研组

目　　录

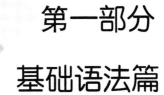

第一部分

基础语法篇

第 1 章　Hello　Swift

1.1　Swift 简介

1.1.1　Swift 语言简介

Swift 是一种新的编程语言，用于编写 iOS、OS X 和 watch OS 应用程序。Swift 采用安全的编程模式并添加了很多新特性，这将使得编程更简单、灵活，也更有趣。基于成熟而且倍受喜爱的 Cocoa 和 Cocoa Touch 框架的 Swift 将重新定义软件开发。

Swift 的开发从很久之前就开始了。为了给 Swift 打好基础，苹果公司改进了编译器、调试器和框架结构。我们使用自动引用计数（Automatic Reference Counting，ARC）来简化内存管理，在 Foundation 和 Cocoa 的基础上构建现代化和标准化的框架栈。

Swift 对于初学者来说也很友好。它是第一个既满足工业标准，又像脚本语言一样充满表现力和趣味的语言。它支持代码预览，这个革命性的特性可以允许程序员在不编译和运行应用程序的前提下运行 Swift 代码，并实时查看结果。

Swift 结合了现代编程语言的精华和工程师的智慧。编译器对性能进行了优化，编程语言对开发进行了优化，两者互不干扰，可谓"鱼与熊掌兼得"。Swift 既可以用于开发"hello, world"这样的简单程序，也可以用于开发一套完整的操作系统。Swift 是编写 iOS、OS X 和 watch OS 应用程序的极佳语言，并将伴随着新的特性和功能持续演进。

1.1.2　Swift 语言开发平台

Swift 语言开发平台基于 Mac 操作系统。Mac 系统由苹果公司自行研发，是基于 UNIX 内核的首个在商用领域成功的图形用户界面操作系统。一般情况下，在普通 PC 上无法安装操作 Mac 系统。Mac 系统已经到了 OS 10，代号为 Mac OS X（X 为 10 的罗马数字写法）。Mac 系统非常可靠，它的许多特点和服务都体现了苹果公司的理念。现行的最新的系统版本是 OS X 10.11.5，本书中的代码都是基于 Mac 系统 OS X 10.11.5。

2016 年 6 月召开的苹果开发者大会正式将 Mac 操作系统 OS X 更名为 Mac OS。

1.1.3　Swift 语言开发工具

Xcode 是苹果公司向开发人员提供的集成开发环境，也是用于开发 Mac OS X 和 iOS 应用程序最快捷的方式。Xcode 前身来自 Next 的 Project Builder。

Mac OS X 和 iOS 开发的主要工具是 Xcode。在 Xcode 3.1 发布后，Xcode 成为 iPhone 软件开发工具包的开发环境。Xcode 有正式版和 Beat 版（测试版）。我们可以从 App Store 直接下载并使用正式版，其性能比较稳定，测试版不能在 App Store 中下载。如果想下载使用 Xcode beat 版，我们可以在苹果开发者官网下载。在 App Store 和苹果开发者官网下载 Xcode 时都需要注册苹果开发者账号。

Xcode6 及其以后的版本支持用 Swift 语言开发 Mac OS X 和 iOS。Xcode6 整合了苹果公司在苹果开发者大会上发布的新语言 Swift 1.0 版本，目前，Swift 语言已经更新到了 3.1 版本。本书中的代码都是基于 Swift 3.1 编写的，开发环境为 Xcode 8.2.1 版。下面我们来学习如何安装和卸载 Xcode。

1. Xcode 的安装

Xcode 必须安装在 Mac OS 系统上，Xcode 的版本与 Mac OS 系统的版本有着严格的对应关系。我们使用的 Xcode 8.2.1 必须要在 Mac OS 10.11.5 及其以上的系统中使用。

我们可以在苹果开发者官网上下载 Xcode 8.2.1 版。打开浏览器，输入网址，进入到如图 1-1 所示的最新 Xcode 下载入口。

单击首页下方的 Develop 栏下的 "Downloads"，下载最新的 Xcode。

如果你没有登录，单击 "Downloads"，此时会弹出一个如图 1-2 所示的登录界面。如果已经注册过苹果开发者账号，我们可以直接输入；如果没有注册，则需要注册后才可以继续登录。

图 1-1　下载 Xcode 入口

图 1-2　登录界面

输入苹果开发者账号和密码，单击 "Sign In"，我们会进入到如图 1-3 所示的下载最新版本的 Xcode 的界面。

目前，最新版本的 Xcode 是 Xcode 8.2.1，单击 "Download"，我们就可以下载最新的 Xcode。下载完成后，单击安装包，根据提示就可以在 Mac 电脑上安装 Xcode 8.2.1。

我们也可以在 App Store 直接下载 Xcode 的最新版本 Xcode 8.2.1。

图 1-3　下载 Xcode 8.2.1 界面

2. Xcode 的卸载

Xcode 的卸载非常简单，在 Mac OS 的应用程序中直接删除即可。如图 1-4 所示，打开应用程序，右击"Xcode"弹出菜单，选择"移到废纸篓"，卸载 Xcode 应用。如果想彻底删除，继续清空废纸篓即可。

图 1-4　卸载 Xcode

1.1.4　Swift 语言开发文档

对于初学者来说，学会在 Xcode 中使用 API 帮助文档是非常重要的。下面通过一个例子来介绍 API 帮助文档的用法。

在创建一个新工程时，可以看到在 main.swift 文件中的代码，具体如下。

```
1 |  import Foundation
2 |  print("Hello, World!")
```

如果想对 print 函数有更多的了解，我们可以查看帮助文档。如果想要简单地查看帮助信息，可以选中该方法，然后选择右侧的帮助检查器"？"；或者选中该函数并按住"option"键，在该函数下方会出现一个弹框，和右侧的帮助检查器中的内容完全一致，如图 1-5 所示。

图 1-5　Xcode 快捷帮助检查器

在右侧的"？"，即 Xcode 快捷帮助检查器窗口中对该函数有详细的描述，包括使用的 iOS 版本、相关主题以及一些相关示例。

如果想要查询比较完整且全面的帮助文档，我们可以在选中 print 函数的同时，按住组合键"option"+"Shift"。这样就会打开一个 Xcode API 帮组搜索结果窗，如图 1-6 所示，右侧目录包括对 Swift、Objective-C、JavaScript 语言的简要介绍。在实际开发过程中，我们可以根据自己的需要，打开目录，查阅资料。

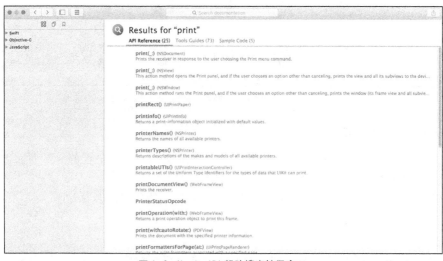

图 1-6　Xcode API 帮助搜索结果窗口

当我们需要查询工程中没有的某个知识点的时候，可以在工程中选择"Xcode->Window->Documentation and API Reference"，如图 1-7 所示，同样也能进入如图 1-6 所示的 Xcode API 帮助搜索结果窗口。

图 1-7　查找 API

1.2　Swift 语言编程体验

使用 Swift 编程，有两种方式编写代码：使用 Xcode 的 Playground，或创建工程运行 Swift 程序代码。本节以一个 Swift 程序为例，学习创建工程运行一个简单的 Swift 程序。

1.2.1　Hello, 51Code 程序

首先，新建一个工程。打开 Dock 栏的 Xcode 8.0，选择"Create a new Xcode project"或单击桌面顶部的菜单"File->New->Project"，在打开的 Choose a temple for new project 界面中 OS X 下的 Application 中选择"Command Line Tool"工程模板。该模板主要用于 Swift 基础语法学习过程，如图 1-8 所示。

单击"Next"，如图 1-9 所示，在出现的界面中 Product Name 表示工程名，一般输入英文名称，为了清晰地表达项目的含义，这里我们将工程命名为"Hello 51Code"。Organization Name 表示组织者名，可以输入个人或公司的名字，在这里我们输入"51code"。Organization identifier 表示组织者域名，可以输入个人或公司的网址（网址需倒序书写），在这里我们输入"com.51code"。Language 表示选择的语言，可选择的语言有 Objective、C、C++、Swift，在这里我们选择"Swift"。

设置完相关的工程选项后，单击"Next"按钮，进入下一级界面，根据提示选择项目的保存位置。然后单击"Creat"按钮，将出现如图 1-10 所示的 Xcode 编辑界面。

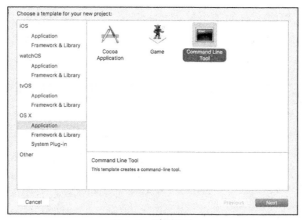

图 1-8　选择模板

图 1-9　填写信息

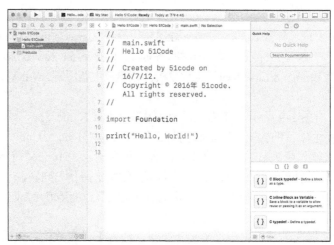

图 1-10　Xcode 编辑界面

在新建的 Swift 程序中，单击左侧工具栏中 main.swift 文件并写入如下代码。

```
1 | import Foundation
2 | print("Hello, World!")
3 | print("Hello, 51Code!")
```

在上述代码中，第 1 行 import Foundation 表示引入 Foundation 框架，至于后面引入何种框架，需要我们查找 API 来确定。

第 2 行 print("Hello, World!")中的 print 是一个函数，能够将变量或常量输出到控制台，在此的功能是输出"Hello，World！"。

第 3 行代码与第 2 行代码的含义相同，实现输出"Hello, 51Code!"的功能。

最后单击项目左上角的三角符号或使用快捷方式"Command"+"R"运行程序，会在底部的控制器中打印出下列语句。

```
Hello, World!
Hello, 51Code!
```

1.2.2　演练利器 Playground

在上一小节中，我们通过在 Xcode 中创建一个 Mac OS X 工程，来实现在控制台中打印出"Hello，World"。在学习 Swift 的初级阶段，我们还可以使用 Playground 工具来编写和运行 Swift 程序。下面我们在 Playground 中编写上述程序，看看会是什么效果？

首先，新建一个 Playground 工程，打开桌面的 Xcode，如图 1-11 所示。

图 1-11　Xcode 8.0 欢迎界面

选择"Get started with a playground"，进入如图 1-12 所示的界面，在 Name 栏中输入文件

名"Hello 51Code",在 PlatForm 中选择"iOS"。

图 1-12　输入文件名

然后单击"Next"按钮,弹出如图 1-13 所示的界面,这里是我们保存文件的对话框。

图 1-13　选择保存位置

保存完成后单击"Create",这样我们就创建了一个名为"Hello 51Code"的 playground 文件,新建的 playground 界面如图 1-14 所示。

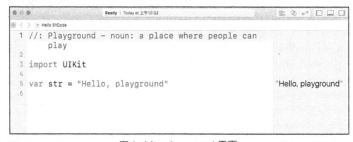

图 1-14　playground 界面

在此文件中，我们仍然使用 print 函数输出"Hello 51Code！"，如图 1-15 所示。

图 1-15　输出"Hello 51Code！"

在这段代码中第 3 行和第 5 行是系统自带的代码，第 3 行代码用于导入 UIKit 框架，第 5 行代码定义了一个名为"str"的变量，并将其初始化为"Hello，playground"并且在该行的末尾出现了"Hello，playground"，第 6 行用 print 函数打印"Hello 51Code"，同样，在该行的末尾出现"Hello 51Code"，并有"\n"，表示换行。在底部的控制台也打印出了"Hello 51Code"。

通过上面这段代码，我们看到不需要运行，也能够输出结果。因此，Playground 是一个非常适合 Swift 初学者的学习工具，但同时存在一个弊端，因为它不能运行程序，所以在实际项目开发中是不能使用 Playground 的。

1.3　本章小结

通过学习本章内容，我们对 Swift 语言有了初步的认识，学习了 Swift 语言的开发平台 Mac 操作系统，以及开发工具 Xcode。同时，学习了安装和卸载 Xcode，以及使用 Swift 语言的 API 文档。最后，我们使用创建工程和 Playground 两种方式编写 Swift 程序代码，并了解了二者的区别和各自的优势。

1.4　思考练习

1．解释说明使用 Playground 的好处。
2．使用 Xcode 新建工程，编写"Hello Swift！"程序。

第 2 章　变量和基本数据类型

本章将主要介绍常量和变量以及 Swift 语言的基本数据类型。常是指在使用过程中值不会发生变化的量，变量是指在使用过程中值会发生变化的量。实际上，常量是一种特殊的变量。Swift 语言中的数据类型主要包括整型、浮点型、布尔型、字符串型、元组型和可选型。

2.1　Swift 语言基础语法

任何一种计算机语言都离不开标识符和关键字，下面我们来详细介绍 Swift 语言的标识符和关键字。

2.1.1　标识符

标识符是为变量、常量、方法、函数、枚举、结构体、类和协议等指定的名字。构成标识符的字母均有一定的规范，Swift 语言中标识符的命名规范如下。

（1）标识符区分大小写，swift 与 Swift 是两个不同的标识符。

（2）标识符可以以下划线（_）或者字母开头，但不能是数字。

（3）标识符中其他字符可以是下划线（_）、字母或数字。

例如，id、userName、User_Name、_name、身高均为合法的标识符，而 2mail 以数字开头则为非法的标识符。

> ⚠️ **注意**　Swift 中的字母采用 Unicode 编码。Unicode 为统一编码制，它包含了亚洲文字编码，如中文、日文、韩文等字符，以及聊天工具中使用的表情符号，这些符号在 Swift 中都可以使用。关于 Unicode 编码会在第 5 章详细讲解。

2.1.2　关键字

关键字是一些具有特殊用途的单词，它类似于标识符的保留字符序列，但不能用作标识符。在定义标识符时，要避免标识符合关键字相同，否则将引起错误。常见的关键字如下所示。

class、deinit、enum、extension、func、import、init、let、protocol、static、struct、subscript、typealias、var、break、case、continue、default、do、else、fallthrough、if、in、for、return、switch、where、while、Nil、nil、as、dynamicType、is、new、super、self、Self、Type、associativity、didSet、 willSet、get、infix、inout、left、mutating、none、nonmutating、operator、override、postfix、precedence、prefix、rightset、unowned、unowned(safe)、unowned(unsafe)、weak、nil、Nil。

对于上述关键字，目前我们没有必要知道它们的所有含义。但是要注意：在 Swift 中，关键字是区分大小写的，因此，class 和 Class 是不同的，当然，Class 不是 Swift 的关键字。

2.1.3 表达式

表达式是程序代码的重要组成部分，在 Swift 中，表达式由操作数和运算符组合而成。示例代码如下。

```
a + b
9 - 2
```

类似于上述形式的，我们就称为表达式。表达式不能被直接使用，可以通过 print 函数打印出来，例如：

```
print(9-2)
```

输出结果：

```
7
```

2.1.4 语句

语句是指有返回值的表达式，例如：

```
c = a + b
```

在 Swift 语言中，一条语句结束后可以不加分号，也可以添加分号。但是当多条语句写在同一行时，必须要通过加分号来区别语句，例如：

```
c = a + b ; x + y = z
```

接下来我们来看对语句的注释。在 Swift 程序中有两类注释：单行注释（//）和多行注释（/*...*/）。

1. 单行注释

单行注释可以注释整行或者一行中的一部分，一般不用于连续多行的注释文本。单行注释的写法为 "//"。当然，它也可以用来注释多行的代码段，以下是两种风格的注释例子。

方式 1：a + b = c // 注释

方式 2：// 注释
　　　　a + b = c

方式 3：//a + b = c

方式 1 是将 "//" 写在语句的后面，在 "//" 后写对这条语句的解释。

方式 2 是将 "//" 写在语句的上面，在 "//" 后写对下面这条语句的解释。

方式 3 是在语句前加 "//"，表示将这段代码隐藏，不再使用。

在 Xcode 中对连续多行的注释文本可以使用快捷键，方法是选择多行，然后按住"command+/"键进行注释，去掉注释也是按住"command"+"/"键。

2．多行注释

一般用于连续多行的注释文本，也可以进行嵌套注释，写法为"/*…*/"。这里我们通过一段代码来介绍多行注释，大家不需要理解这段代码的含义。

```
 1 |   /* var a = 10
 2 |   var b = 5
 3 |   if a == b {
 4 |   print("a = b")
 5 |   }
 6 |   /*
 7 |   if a != b {
 8 |   print("a!= b")
 9 |   }
10 |   */
11 |   if a > b{
12 |       print("a > b")
13 |   }
14 |   */
```

在上述代码中，第 1 行的"/*"和第 14 行的"*/"是一组多行注释符号，表示从第 1 行到第 14 行为注释内容。第 6 行的"/*"与第 10 行的"*/"是嵌套注释，表示从第 6 行到第 10 行为代码注释。只有 Swift 语言有多行嵌套注释，在其他语言中是没有的。

2.2 常量和变量

2.2.1 常量

在声明和初始化变量时，在标识符的前面加上关键字 let，可以把该变量指定为一个常量。下面我们通过一个例子来介绍如何定义一个常量。

```
 1 |   let number = 16
```

上述代码表示声明一个名为 number 的常量。常量只能在初始化时被赋值，如果我们再次给 number 赋值，程序会报错。

一般来说，常量按照驼峰法的命名原则进行命名，常量名的第一个单词的首字母小写，其他单词首字母大写，示例代码如下。

```
 1 |   let  numberOfFive = 5
 2 |   let numberOfFive: Int = 5
```

在上述代码中，第 1 行代码定义了一个值为 5 的常量。这里我们没有指定数据类型，Swift 可以根据等号右边常量的值自动推断出该常量的数据类型，称为隐式推断。第 2 行代码，我们在常量名后面加":"表示指定数据类型，":"后面的 Int 表示该常量定义的数据类型，这种写法称为显式推断。这里我们不需要知道 Int 的含义，只知道它表示一种数据类型即可。在下一节数据类型中，会为大家详细讲解。

2.2.2　变量

在 Swift 中声明变量，就是在标识符的前面加上关键字 var，示例代码如下。

```
var score = 0.0
```

该语句声明 score 变量，并将其初始化为 0.0。如果在一个语句中声明了多个变量，那么所有的变量都具有相同的数据类型，示例代码如下。

```
var x = 10, y = 20
```

在多个变量的声明中，我们也能指定不同的数据类型。

```
var x = 10, y = "hello"
```

其中 x 为整型，y 为字符串类型。

常量的命名规范和变量的命名规范一致，在定义变量时，如果没有声明指定的数据类型，那么也可以进行类型自动推断。

2.3　数据类型

Swift 中的数据类型包括：整型、浮点型、布尔型、字符串型、元组型、集合、枚举、结构体和类等。

这些类型按照参数传递方式的不同可以分为值类型和引用类型。值类型是在赋值或给函数传递参数时，创建一个副本，把副本传递过去，这样在调用函数过程中不会影响原始数据。引用类型是在赋值或给函数传递参数时，把本身数据传递过去，这样在调用函数过程中会影响原始数据。

在上述数据类型中，整型、浮点型、布尔型、字符串型、元组型、集合、枚举和结构体属于值类型，而类属于引用类型。本章将重点介绍整型、浮点型、布尔型和元组型等基本数据类型。

2.3.1　布尔型

布尔（Bool）型只有两个值：true 和 false。实例代码如下。

```
1 | var isTure = true
2 | var isFalse: Bool = false
```

在上述代码中，第 1 行代码定义了 isTrue 变量并赋值为 true，这里我们没有指定 isTrue 的数据类型，Swift 可以根据等号右边的值自动推断类型。第 2 行代码为变量 isFalse 指定数据类型为 Bool 类型，即布尔类型，数据类型的首字母大写。在 Swift 3 中，所有的 Bool 类型都重新命名为 isxxx，因此我们的自定类中 Bool 属性的命名也应体现这个规则。

布尔表达式通常用于 if 语句的判断。if 语句用于条件的判断，我们会在第 4 章流程控制语句中详细向大家讲解，在此只做简单了解即可。

```
1 |  var isTure = true
2 |  if isTure{
3 |      print("This is true")
4 |  }else{
5 |      print("This is false")
6 |  }
```

2.3.2　整型

Swift 提供 8、16、32、64 位形式的有符号及无符号整数，这些整数类型的命名规范如表 2-1 所示。

表 2-1 数据类型

数据类型	名称	说明
Int8	有符号 8 位整型	—
Int16	有符号 16 位整型	—
Int32	有符号 32 位整型	—
Int64	有符号 64 位整型	—
Int	平台相关有符号整型	在 32 位平台，Int 与 Int32 宽度一致 在 64 位平台，Int 与 Int64 宽度一致
UInt8	无有符号 8 位整型	—
UInt16	无有符号 16 位整型	—
UInt32	无有符号 32 位整型	—
UInt64	无有符号 64 位整型	—
UInt	平台相关无符号整型	在 32 位平台，UInt 与 UInt32 宽度一致 在 64 位平台，UInt 与 UInt64 宽度一致

除非要求固定宽的整型，一般我们只使用 Int 或 UInt，这些类型能够与平台保持一致，下面我们来看一个整型示例。

```
1 |  import Foundation
2 |  print("UInt 范围:\(UInt.min)~\(UInt.max)")
3 |  print("Int 范围:\(Int.min)~\(Int.max)")
```

输出结果：

```
UInt 范围: 0~18446744073709551615
Int 范围: −9223372036854775808~9223372036854775807
```

上述代码是通过整数的 min 和 max 属性计算数据类型的范围。min 属性获得当前整数的最小值，max 属性获得当前整数的最大值。同理，可以用与例子中一致的写法，来获取其他整形数据的范围。

整型数据同布尔型数据一样，在不声明数据类型时，Swift 语言会自行对该数据类型进行推断。整型数据采用进制数作为其表示方式。

我们为一个整数变量赋值十进制数、二进制数、八进制数、十六进制数，它们的表示方式如下。

二进制数，以 0b 为前缀，第一个字符是阿拉伯数字 0，不要误以为是字母 o，第 2 个字符是小写字母 b，必须小写。

八进制数，以 0o 为前缀，第一个字符是阿拉伯数字 0，第二个字符是小写字母 o，必须小写。

十六进制数，以 0x 为前缀，第一个字符是阿拉伯数字 0，第二个字符是小写字母 x，必须小写。

例如，下面语句都是将整型数据 10 赋给常量。

```
1 |  let decimalInt = 10
2 |  let binaryInt = 0b1010
3 |  let octalInt = 0o12
4 |  let hexadecimalInt = 0xA
```

在上述代码中，第 1、2、3、4 行代码分别用十进制、二进制、八进制、十六进制表示整形数据 10。

除此之外，在 Swift 中，为了阅读的方便，对于数值较大的整数可通过添加多个零或下划线的方法提高可读性，且不会影响实际值。例如：

```
1 |  var myMoney = 3_360_000
2 |  var phone = 136_2456_4678
```

第 1 行代码定义了整型变量 myMone，并赋值为 3360000。第 2 行代码 136_2456_4678 是一个手机号码，采用下划线分隔，更容易阅读。一般是每隔 3 位加一个下划线。

2.3.3　浮点型

浮点型主要用来存储小数数值，也可以用来存储范围较大的整数。它分为浮点数（Float）和双精度浮点数（Double）两种，双精度浮点数所使用的内存空间比浮点数多，可表示的数值范围也比较大，精度也更高。Float 表示 32 位浮点数，在浮点数较小时使用。Double 表示 64 位浮点数，如果没有明确指定类型，一般默认为 Double 类型。

下面我们来看一个浮点型示例。

```
1 |  var number1:Float = 300.5;
2 |  var number2:Double = 360.5;
3 |  let pi = 3.14159
```

例子中第 1 行代码明确指定变量 number1 是 Float 类型，第 2 行代码明确指定变量 number2 是 Double 类型，第 3 行常量 pi 没有明确数据类型，我们给它赋值为 3.14159，Swift 编译器会自动推断出它是 Double 类型。这是因为 Double 是系统默认浮点型，如果我们一定要使用 Float 类型，那么需要在声明时明确指定 Float 类型。

如果小数点位数比较多，为了方便阅读，浮点数也可以像整型数据一样，采用下划线的表示方法，示例如下。

```
let  num = 0.003_456_653
```

浮点型数据和整型数据一样都有自己的数字表达方式，也可以使用进制数表示。如果采用十进制表示指数，需要用 e（大写或小写）来表示幂。例如：

```
var  myMoney = 3.005 * e2
var  num = 0.5 * e-4
```

2.3.4　字符串型

在 Swift 中，字符串的类型是 String，首先我们来学习如何创建一个字符串。定义空字符串有两种方式：

```
1 |  var  emptystr = ""
2 |  var  emptystr = String()
```

利用 isEmpty 方法判断字符串是否为空，示例代码如下。

```
1 |  var emptystr = ""
2 |  if emptystr.isEmpty{
3 |      print("str 是空字符串")
4 |  }
```

接下来我们要创建不可变字符串和可变字符串，Swift 语言通过为字符串变量声明为 let、var 来实现不可变字符串、可变字符串，示例代码如下。

```
1 |  let  str: String =  "hello"
2 |  var varyStr = "hello"
3 |  varyStr = varyStr + "你好"
4 |  print("varyStr:\( varyStr)")
```

输出结果：

```
str:hello 你好
```

在上述例子中，第 1 行代码定义 String 类型的常量 str。第 2 行代码定义了变量 varyStr，这里没有指定 varyStr 的数据类型。由于 Swift 能够对数据类型进行自动推断，根据 varyStr 的值"hello"，系统可以自动推断出 varyStr 为 String 类型。第 3 行代码用"+"对 str 进行了追加。第 4 行代码是打印出 varyStr 的值。在打印时需要插入常量、变量或其他类型的数据时，需要使用反斜杠，例如第 4 行代码 print("str:\(str)")中的"\str"。

2.3.5　数据类型的转换

Swift 是一种安全的语言，对于类型的检查非常严格，不同类型之间不能随意转换。本节我们介绍数据类型之间的转换。

1. 整型之间的转换

整型之间有两种转换方式：

（1）从小范围数到大范围数转换是自动的。

（2）从大范围数到小范围数需要强制类型转换，有可能造成数据精度的丢失。

下面我们通过一些例子来学习整型之间的转换。

```
1 |  let num1:UInt8 = 10
2 |  let num2:UInt16 = 100
3 |  let sum = num1 + num2
4 |  let sum1 = UInt16(num1) + num2 //安全
5 |  let sum2 = num1 + UInt8(num2) // 不安全
```

在上述例子中，第 1 行和第 2 行代码声明和初化了两个常量 num1 和 num2，第 3 行代码实现相加，将它们相加的值赋给 sum。程序出现了编译错误，错误为：

```
Binary operator '+' cannot be applied to operands of type 'UInt8' and 'UInt16'
```

根据提示，我们知道原因是 num1 是 UInt8 类型，而 num2 是 UInt16 类型，二者的数据类型不同，不能直接进行运算。

我们可以有两种方法实现 num1 和 num2 相加：

（1）第 4 行代码将 UInt8 的 num1 转为 UInt16 类型。这里是从小范围数转换为大范围数，这种转换是安全的。

（2）第 5 行代码是把 UInt16 的 num2 转换为 UInt8 类型。从大范围数转换为小范围数，这种转换是不安全的，如果转换的数比较大，会造成精度的损失。如果 num2 的值很大，超过了 UInt8 表示的最大值，这样就会出现报错。

2. 整型与浮点型之间的转换

整型与浮点型之间的转换与整型之间的转换类似，因此我们将上一节的代码修改如下。

```
1 |  let num1:Float = 8.9
2 |  let num2:UInt16 = 210
3 |  let sum = num1 + num2
4 |  let sum1 = num1 + Float(num2) //安全
5 |  let sum2 = UInt16(num1) + num2 // 不安全
```

在上述例子中，第 1 行代码常量 num1 类型是 Float 类型，第 2 行代码常量 num2 还是 UInt16 类型，第 3 行代码直接将 num1 和 num2 进行相加，结果有编译错误。错误原因仍然是 num1 和 num2 的数据类型不同，不能直接运算。

第 4 行代码将 UInt16 类型的 num2 转换为 Float 类型，这种转换是最安全的。第 5 行代码将 Float 类型的 num1 变量转换为 UInt16 类型，这种转换首先会导致小数被截掉。另外，如果 num1 的数值很大，会导致运行异常，这与整型之间的转换是类似的。

3. 整型与布尔型之间的转换

```
1 |  let num1 = 12
2 |  let num2 = 0
3 |  let num3 = -3
4 |  let a1 = Bool(num1)
5 |  let a2 = Bool(num2)
6 |  let a3 = Bool(num3)
7 |  print("a1 的值:\(a1),a2 的值:\(a2),a3 的值:\(a3)")
8 |  let b1 = true
```

```
 9 |  let b2 = false
10 |  let value1 = Int(b1)
11 |  let value2 = Int(b2)
12 |  print("value1 的值:\( value1), value2 的值:\( value1)")
```

输出结果：

```
a1 的值: true, a2 的值: false, a3 的值: true
value1 的值: 1, value2 的值: 0
```

在上述例子中，只有当整型数据值为 0 时，转化为布尔型为 false，其他都为 true。布尔型的值为 true 时转换为整型数据 1，布尔型的值为 false 时转换为整型数据 0。

4. 整型与字符串型之间的转换

```
1 |  let num = 12
2 |  let a = String(num)
3 |  print("a 的值:\(a) ")
4 |  let str = "123"
5 |  let value = Int(str)
6 |  print("value 的值:\( value) ")
```

输出结果：

```
a 的值: 12 value 的值: 123
```

此时 a 的数据类型是字符串型，value 的数据类型为整型。只有包含数字的字符串数据才可以使用 Int 方法转换为整型数据。

关于其他数据类型间的转换同整型数据转换为其他数据类型方法一致，这里就不再赘述了。

2.3.6 元组型

在 Swift 语言中，元组型是多个值组成的复合值类型，能够便于管理和计算。元组型由 N 个任意类型的数据组成（N≥0），组成元组型的数据可以称为"元素"。

现在我们来定义一个用来表示时间的元组 time。它包括年（year）、月（month）、日（day），示例代码如下。

```
1 |  let time1 = (2016,5,4)
2 |  let time2 = (year:2016,month:5,day:4)
```

在上述例子中，第 1 行代码定义了一个名文 time1 的元组，用来表示年月日。第 2 行代码定义了名为 time2 的元组，同样是表示年月日。但这两种写法是有区别的，第 1 行代码定义的 time1 元组，可读性不是很强，大家未必能猜测出是表示年月日。但是第 2 行代码定义的 time2 元组，通过（year:2016,month:5,day:4），我们可以很直观地知道 year 是表示年，month 是表示月，day 是表示天。这样代码的可读性会更好，建议大家使用这种表示方法来定义元组。

如果想访问元组中的数据，我们可以使用下标方式，例如 0，1，……以此类推，也可以通过元素名来访问元组中的数据。这里我们以元组 time1 和 time2 为例：

```
1 |  let time1 = (2016,5,4)
2 |  print("\(time1.0)年\(time1.1)月\(time1.2)日")
3 |  let time2 = (year:2016,month:5,day:4)
4 |  print("\(time2.0)年 \(time2.1)月, \(time2.2)日")
5 |  print("\(time2.year)年\(time2.month)月\(time2.day)日")
```

输出结果：

```
2016 年 5 月 4 日
2016 年 5 月 4 日
2016 年 5 月 4 日
```

在上述例子中，第 1 行代码定义了 time1 元组，第 2 行代码通过下标方式访问元组中的值，例如 time1.0 表示访问元组的第一个值。第 3 行代码定义了 time2 元组，第 4 行代码同样是采用下标方式访问元组中的每一个元素，第 5 行代码通过元组的元素名访问元组的值，例如 time2.year 访问元组的第一个值。

此外我们也可以把一个元组的内容分解成单独的常量和变量，仍以 time2 这个元组为例。

```
1 |  let (year,month,day) = time2
2 |  print("\(year)年\(month)月\(day)日")
```

输出结果同上例。

如果你只需要一部分元组值，分解时可以把要忽略的部分用下划线（_）标记，示例如下。

```
1 |  let (year,month,_) = time2
2 |  print("\(year)年\(month)月: ")
```

输出结果：

```
2016 年 5 月
```

2.3.7　可选型

有时我们使用一个变量或常量，但不确定它是否已储存值。此时，我们需要将这个常量或变量设置为可选型。使用可选型是为了处理可能缺失值的情况。可选型是 Swift 中全新的数据类型，它的特点是可以有值，也可以没有值。没有值时，就是 nil。只需要在数据类型后面加上问号（?）就可以定义一个可选型的数据，示例代码如下。

```
1 |  var str: String?
2 |  print(str)
```

输出结果：

```
nil
```

这里我们只声明 str 为一个可选型的字符串，但没有为它赋值，所以打印出来是 nil。

1.　可选绑定

可选型可以用于判断，即我们在程序中经常会使用到的可选绑定。可以使用 if 语句来判断一个可选型是否包含一个值。如果包含一个值，结果为 true，否则为 false。

```
1 |  var myString:String? = nil
2 |  if myString != nil {
3 |      print(myString)
4 |  }else{
5 |      print("myString has nil value")
6 |  }
```

输出结果：

```
myString has nil value
```

在上述代码中，第 1 行代码定义了 String 类型的可选值 myString，并将其初始化为 nil。通过 if 语句对可选型进行判断，如果 myString 不为空，则输出 myString，否则输出 myString has nil value。

这种可选型在 if 或 while 语句中赋值并进行判断的写法，叫作可选绑定。

2. 强制拆包

如果我们能确定可选型中一定有值，那么在读取它时，可以在可选型的后面加一个感叹号（!）来获取该值。这种感叹号的表示方式称为可选值的强制拆包，代码如下所示。

```
1 |  var myString:String?
2 |  myString = "Hello, Swift!"
3 |  if myString != nil {
4 |      print(myString)
5 |  }else{
6 |      print("myString has nil value")
7 |  }
```

输出结果：

```
Optional("Hello, Swift!")
```

现在我们使用拆包来获取正确的值。

```
1 |  var myString:String?
2 |  myString = "Hello, Swift!"
3 |  if myString != nil {
4 |      print( myString! )
5 |  }else{
6 |      print("myString has nil value")
7 |  }
```

输出结果：

```
Hello, Swift!
```

通过上面的例子，我们看到在 myString 后面加上（!）可以实现对可选型的拆包。

3. 隐式拆包

为了能够方便地访问可选型，我们可以将可选型后面的问号（?）换成感叹号（!），这种可选型在拆包时，在变量或常量后面不加感叹号（!）的表示方式称为隐式拆包，代码如下所示。

```
1 |  var myString:String!
2 |  myString = "Hello, Swift!"
3 |  if myString != nil {
4 |      print( myString)
5 |  }else{
6 |      print("myString has nil value")
7 |  }
```

在上述代码中，在第 1 行定义的字符串变量 myString 的数据类型 String 后面使用感叹号（!），而不是问号（?），在拆包时，变量或常量后面不用加感叹号（!），这就是隐式拆包。隐式拆包的变量或常量使用起来就像普通变量或常量一样，你完全可以把它看成是普通的变量或常量。

2.4　本章小结

本章主要向大家讲解了 Swift 语言中的常量、变量以及基本数据类型。我们介绍了如何使用常量和变量，同时也学习了 Swift 语言中的整型、浮点型、布尔型、字符串型、元组型和可选型的使用。

2.5　思考练习

1. 使用可选型有什么好处？
2. 在什么情况下使用元组型？
3. 定义一个整型数据，并将它转换为字符串。

第 3 章　常见运算符和表达式

本章主要为大家介绍 Swift 语言中的一些基本运算符，包括算术运算符、关系运算符、逻辑运算符、关系运算符和范围运算符等。

3.1　算术运算符

Swift 中的算术运算符用来进行整型和浮点型数据的算术运算。二元运算符如表 3-1 所示。

表 3-1　　　　　　　　　　　　　　二元运算符

运算符	运算	例子	结果
+	取正	+4	4
−	取负	−3	−3
+	加	4+5	9
−	减	6−3	3
*	乘	2*3	6
/	除	8/4	2
%	取余	9%2	1

算术运算符看上去比较简单，也很容易理解，但在实际使用时需要注意以下问题。

（1）进行四则混合运算时，运算顺序遵循数学中"先乘除后加减"的原则。

（2）当有浮点数参与运算时，运算结果的数据类型总是浮点型。例如，8/3.5 结果是 2.28571428571429，Float 类型。

（3）取余运算在程序设计中具有广泛的应用，例如，在判断一个数是奇数还是偶数的方法时，要求这个数字除以 2 的余数是 1 还是 0。取余运算取决于%左边的数，而与%右边的数无关，例如，9 % 4 =1，−9 % 4 =−1，9 % −4 = 1。

3.2　赋值运算符

赋值运算符的作用是将常量、变量或表达式的值赋给某一个变量。下面例举 Swift 语言中赋值运算符及其用法，具体说明见表 3-2。

表 3-2 赋值运算符

运算符	运算	例子	结果
=	赋值	a = 10，b = 5	a = 10，b = 5
+=	加赋值	a += b	a = a + b
-=	减赋值	a -= b	a = a - b
*=	乘赋值	a *= b	a = a * b
/=	除赋值	a /= b	a = a / b
%=	取余赋值	a %= b	a = a % b

3.3 关系运算符

关系运算符用来比较两个表达式的大小，它的结果是 true 或 false，即布尔型数据。如果表达式成立，结果为 true，否则为 false。关系运算符共有 8 种：==、!=、>、<、>=、<=、=== 和!==，具体说明见表 3-3。

表 3-3 关系运算符

运算符	名称	例子	结果
==	等于	a==4	false
!=	不等于	a!=4	true
>	大于	a > 4	true
<	小于	a < 4	false
>=	大于等于	a >= 4	false
<=	小于等于	a <= 4	false

3.4 逻辑运算符

逻辑运算符是对布尔型变量进行运算，其结果也是布尔型，具体说明见表 3-4。

表 3-4 逻辑运算符

运算符	名称	例子	结果
!	逻辑非	! a	a 不为 0 时，表达式为 true；a 为 0 时，表达式为 false
&&	逻辑与	a&&b	a 和 b 全为 true 时，表达式才为 true
||	逻辑或	a||b	a 和 b 最少有一个为 true 时，表达式为 true

逻辑运算符对象必须是布尔型。

3.5 三元运算符

三元运算符的特殊在于它是有 3 个操作数的运算符，它的原型是"问题？答案 1：答案 2"。

三元运算符能够简洁地表达根据问题成立与否，做出二选一的操作。如果问题成立，返回答案 1 的结果；如果不成立，返回答案 2 的结果。

下面我们来看一个三元运算符的示例：计算表格行高。如果有表头，那行高应比内容高度要高出 50 像素；如果没有表头，只需高出 20 像素。

```
1 |  let contentHeight = 40
2 |  let hasHeader = true
3 |  let rowHeight = contentHeight + (hasHeader ? 50 : 20)
```

输出结果：

```
rowHeight = 90
```

三元条件运算能够很方便地表达二选一的选择。需要注意的是，过度使用三元条件运算会将简洁的代码变成复杂难懂的代码，要避免在一个组合语句使用多个三元条件运算符。

3.6 Nil Coalescing 运算符

Nil Coalescing 运算符的原型是"答案 1？？答案 2"。我们可以用一句代码表示 Nil Coalescing 运算符：

```
1 |  let c = a ?? b
```

使用该运算符必须满足以下两个条件：

（1）a 必须是可选类型的。

（2）b 的类型必须和 a 解包后的值类型一致的。

符合这两个条件后，第 1 行代码表示的就是 c 的值是 a 或 b 中的一个。当 a 解包后的值不为 nil 时，将 a 的值赋值给 c；当 a 解包后的值为 nil 时，将 b 的值赋值给 c。

我们可以用三元运算符来更清晰地理解 Nil Coalescing 运算符。它可以表示为：

```
1 |  let c = a != nil ? a ! : b
```

在上面的代码中，当 a 的值不等于 nil 时，将 a 解包后的值赋值给 c，否则将 b 的值赋值给 c。

```
1 |  var  a:String?
2 |  let  b = "str"
3 |  var c = a ?? b
4 |  print(c)
```

输出结果：

```
str
```

在上述代码中，a 的值为 nil，所以把 b 的值赋值给 c，最后 c 的值就是 str。

3.7 复合表达式

学习完算术运算符、赋值运算符、关系运算符、逻辑运算符、条件运算符以及区间运算符，本节我们来学习复合表达式，示例代码如下：

```
1 |  let a = 10
2 |  let b = 18
3 |  let c += b * ((a > b) ? 10 :20)
4 |  print(c)
```

输出结果：

```
360
```

在上述代码中，我们将算术运算符、复合赋值运算符、关系运算符以及条件运算符结合在一起，形成了一个复合表达式。

3.8　本章小结

本章我们学习了 Swift 语言中的常见运算符和表达式，包括算术运算符、复合赋值运算符、逻辑运算符、关系运算符、条件运算符以及区间运算符，最后我们通过复合表达式将这些常见运算符综合起来使用。

3.9　思考练习

编写一个 Swift 程序，定义 a、b、c 三个值，输出其中最大的数。

第 4 章　流程控制语句

程序设计中的控制语句有 3 种，分别为顺序、分支和循环语句。Swift 程序通过控制语句来执行程序流，完成相关任务。程序流由若干个语句组成，语句可以是一条单一的语句，也可以是用大括号（{}）括起来的复合语句。Swift 中的控制语句有以下 3 类。

（1）循环语句：for-in、while、repeat-while。

（2）条件语句：if、switch。

（3）控制转移语句：break、continue、fallthrough。

4.1　循环语句

循环语句指让程序从某个位置开始，连续不断地重复执行同一个操作。Swift 语言支持 3 种循环构造类型：for、while、repeat-while。for 和 while 循环是在执行循环体之前测试循环条件，而 repeat-while 是在执行循环体之后测试循环条件。这就意味着 for 和 while 循环可能一次循环体都不执行，而 repeat-while 将至少执行一次循环体。for-in 是 for 循环的变形，它是为遍历一组数据而专门设计的。

4.1.1　for-in 语句

Swift 提供了一种专门用于遍历集合的 for 循环，即 for-in 循环。使用 for-in 来遍历集合中的项目，例如某一范围的所有数据，一组字符串中的字符。在学习 for-in 循环前，我们先来了解范围运算符。

范围运算符有两种形式，一种是（a...b），另一种是（a..<b）。（a...b）定义一个从 a 到 b（含 a 和 b）的所有值的区间。例如在 for-in 循环中：

```
1 |  for index in 1...5 {
2 |      print("\(index) * 5 = \(index * 5)")
3 |  }
```

输出结果：

```
1 * 5 = 5
2 * 5 = 10
3 * 5 = 15
4 * 5 = 20
```

```
5 * 5 = 25
```

（a..<b）定义一个从 a 到 b 但不包含 b 的范围。例如 for-in 循环中：

```
1 |  for index in 1..<5 {
2 |      print("\(index) * 5 = \(index * 5)")
3 |  }
```

输出结果：

```
1 * 5 = 5
2 * 5 = 10
3 * 5 = 15
4 * 5 = 20
```

从上例可以发现，index 是循环变量，index 之前使用 var 声明，它是隐式变量声明的。in 后面是集合实例，for-in 循环语句会将后面集合中的元素一一取出来，保存到 index 中。按顺序从范围中取值赋值给 index，每取一次值，就执行一次循环体，范围的长度就是循环体执行的次数。

如果不需要用到范围中的值，可以使用下划线进行忽略。

```
1 |  for _ in 1..<5 {
2 |      print("not need")
3 |  }
```

输出结果：

```
not need
not need
not need
not need
not need
```

4.1.2　while 语句

while 语句是一种先执行判断条件的循环结构，在循环次数未知的情况下使用 while 循环，格式如下。

```
while 循环条件{
循环体
}
```

while 循环没有初始化语句，只要循环条件为 true，循环就会一直执行下去，直到循环条件为 false。下面看一个简单的示例，代码如下。

```
1 |  var number = 90
2 |  while number < 200{
3 |      number += 10
4 |  }
5 |  print("number = \(number)")
```

输出结果：

```
number = 200
```

上述代码的目的是使 number 的值等于 200。number 的初始值为 90，使用 while 循环，循环条件为 number<200，在满足循环条件时，number 会一直执行 number+=10 的操作，直到 number 的值大于或等于 200 时，循环终止。

需要注意的是，while 循环条件语句中只能写一个表达式，而且是一个布尔型表达式。如果循环体中需要循环变量，必须在 while 语句前对循环变量进行初始化。示例中先给 number 赋值为 90，然后必须在循环体内部通过语句更改循环变量的值，否则会发生死循环。

提示：死循环对于单线程程序而言是一场灾难，但是在多线程程序中，死循环却是必需的。死循环会出现在子线程中，例如，游戏设计中对玩家输入装备的轮询，动画程序的播放，死循环的一般写法如下代码所示。

```
while ture{
循环体
}
```

4.1.3 repeat-while 语句

repeat-while 语句要在考虑循环条件前先执行一次完整的循环体，然后再继续重复循环直到条件为 false，一般格式如下。

```
repeate {
语句组 while 循环条件
```

repeat-while 循环没有初始化语句，循环次数是不可知的，不管循环条件是否满足，都会先执行一次循环体，然后再判断循环条件。如果条件满足，则执行循环体，否则停止循环。下面来看示例代码：

```
1 |  var   number = 90
2 |  repeat {
3 |      number += 10
4 |  }while number < 200
5 |  print("number : \(number)")
```

输出结果：

```
number: 200
```

本示例与上节的示例相同，都是要满足 number 的值不小于 200，输出结果也是一样的。

4.2　分支语句

分支语句提供了一种控制机制，使得程序具有"判断能力"，能够像人类的大脑一样分析问题。分支语句又称条件语句，条件语句可使部分程序根据某些表达式的值而选择性地执行。Swift 编程语言提供了 if 和 switch 两种分支语句。

4.2.1 if 语句

由 if 语句引导的选择结构有 if 结构、if else 结构和 else if 结构 3 种。

1. if 结构

条件表达式为 true 时执行语句组，否则执行 if 结构后面的语句，语法结构如下。

```
if 条件表达式 {
语句组
}
```

if 结构示例代码如下。

```
1 |  let isStudy = true
2 |  if  isStudy{
3 |      print("study")
4 |  }
```

输出结果：

```
study
```

2. if else 结构

所有的语言都有这个结构，而且结构的格式基本相同，语句如下。

```
if 条件表 {
语句组 1
} else {
语句组 2
 }
```

当程序运行到 if 语句时，先判断条件表达式，如果值为 true，则执行语句组 1，然后跳过 else 语句及语句组 2，继续执行后面的语句。如果条件表达式的值为 false，则忽略语句组 1，直接执行语句组 2，然后继续执行后面的语句。

if else 结构示例代码如下。

```
1 |  let isStudy = false
2 |  if isStudy{
3 |      print("study")
4 |  }else{
5 |      print("play")
6 |  }
```

输出结果：

```
play
```

3. else if 结构

else if 结构如下。

```
if 条件表达式 1 {
语句组 1
} else if 条件表达式 2 {
 语句组 2
```

```
 } else if 条件表达式 3 {
  语句组 3
...
 } else if 条件表 n {
语句组 n
 } else {
语句组 n 1
 }
```

可以看出，else if 结构实际上是 if else 结构的多层嵌套，明显的特点就是在多个分支中只执行一个语句组，而其他分支都不执行，所以这种结构可以用在有多种判断结果的分支中。else if 结构示例代码如下。

```
 1 |   var number = 90
 2 |   if number < 10{
 3 |       print("这个数的值小于10")
 4 |   }else if number < 20{
 5 |       print("这个数的值小于20")
 6 |   }else if number < 30{
 7 |       print("这个数的值小于30")
 8 |   }else if number > 40{
 9 |       print("这个数的值大于40")
10 |   }else{
11 |       print("这个数的值是 90")
12 |   }
```

输出结果：

这个数的值大于 40

4.2.2　switch 语句

switch 语句提供多分支的程序结构。Swift 中的 switch 语句可以使用整数、浮点数、字符、字符串和元组等类型，而且它的数值范围既可以是离散的，也可以是连续的。而且 switch 语句的 case 分支不需要显式地添加 break 语句，分支执行完成就会跳出 switch 语句。

下面我们先介绍 switch 语句基本形式的语法结构，如下所示。

```
switch 条件表达式{
case 值 1:
语句块 1
case 值 2:
语句块 2
case 值 3:
语句块 3
...
case 判断值 n:
语句块 n
default:
语句块 n+1
 }
```

每个 case 后面可以跟一个或多个值，多个值之间用逗号分隔。每个 switch 必须有一个 default 语句，它放在所有分支后面。每个 case 中至少要有一条语句。

当程序执行到 switch 语句时，先计算条件表达式的值，假设值为 A，然后将 A 与第 1 个 case 语句中的值 1 进行匹配。如果匹配，则执行语句组 1，语句组执行完成后即跳出 switch，而不像 C 语言那样只有遇到 break 才跳出 switch。如果 A 与第 1 个 case 语句不匹配，而与第 2 个 case 语句匹配，则执行语句组 2，以此类推，直到执行语句组 n。如果所有的 case 语句都没有执行，那么执行 default 的语句组 n+1，这时才跳 switch。

在 Swift 中，switch 能支持多种数据类型，包括浮点型、布尔型、字符串型等。

switch 语句支持整型数据的基本形式，示例代码如下。

```
1 |  var number = 90
2 |  switch number / 10{
3 |  case 9: print("优秀")
4 |  case 8: print("良好")
5 |  case 7,6: print("中等")
6 |  default :
7 |      print("差")
8 |  }
```

上述代码将 100 分制转换为"优秀""良好""中等""差"评分制。第 2 行计算表达式获得 0～9 分数值。第 5 行代码中的"7,6"是将两个值放在一个 case 中。

switch 语句支持浮点型数据的基本形式，示例代码如下。

```
1 |  let float = 1.5
2 |  switch float {
3 |  case 1.5:
4 |      print("1.5")
5 |  default:
6 |      print( "default")
7 |  }
```

switch 语句支持布尔型数据的基本形式，示例代码如下。

```
1 |  let isSuccess = true
2 |  switch isSuccess {
3 |  case true:
4 |      print("true")    //被输出
5 |  default:
6 |      print("default")
7 |  }
```

switch 语句支持字符型数据的基本形式，示例代码如下。

```
1 |  let name = "Swift"
2 |  switch name {
3 |  case "Swift":
4 |      print("Swift ")   //被输出
5 |  default:
6 |      print( "default")
7 |  }
```

4.2.3　在 switch 语句中使用范围匹配

对于数字类型的比较，switch 中的 case 还可以指定一个范围，如果要比较的值在这个范围内，则执行这个分支示例代码如下。

```
1 |  var number = 86
2 |  switch number{
3 |  case 90...100: print("优秀")
4 |  case 80...89: print("良好")
5 |  case 60...79: print("中等")
6 |  default:print("差")
7 |  }
```

输出结果：

说明：良好

上述代码通过判断成绩范围，给出"优""良""中"和"差"4 个评分标准，默认值"无"指分数不在上述范围内。

4.2.4　在 switch 语句中比较元组型

元组作为多个值的表示方式也可以在 switch 中进行比较，switch 对元组的使用非常灵活，字段既可以是普通值，也可以是范围，示例代码如下。

```
1 |  let point = (0,1)
2 |  switch point{
3 |  case (0,0): print("点在原点")
4 |  case(_,0): print("点在 x 轴")
5 |  case(0,_):print("点在 y 轴")
6 |  default: print("点在其他位置")
7 |  }
```

输出结果：

点在 y 轴

在 switch 中使用元组时还可以使用值绑定和 where 语句。

1.　值绑定

使用元组时可以在 case 分支中将分配的值绑定到一个临时的常量或变量，这些常量或变量能够在该分支里使用，这就称为值绑定，示例代码如下。

```
1 |  let point = (1,1)
2 |  switch point{
3 |  case (let x, 0):
4 |      print("这个点在 x 轴, x 值是\(x)")
5 |  case (0,let y):
6 |      print("这个点的 y 轴, y 值是\(y)")
7 |  case let (x,y):
```

```
8 |        print("这个点的 x 值是\(x)","这个点的 y 值是\(y)")
9 |    }
```

输出结果：

这个点的 x 值是 1 这个点的 y 值是 1

本示例还是关于点的坐标问题，其中，第 3 行代码中的 case (let x, 0)是对 x 进行值绑定；第 5 行代码中的 case (0，let y)是对 y 进行值绑定；第 7 行代码中的 case let（x，y）使用了值绑定的 x 和 y。这里可以不用 default，只要所有的情况都包含即可。

2. where 语句

在绑定定值的情况下，还可以在 case 中通过使用 where 语句，来增加判断的条件，类似于 SQL 语句中的 where 子句，示例代码如下。

```
1 |  let point = (1,1)
2 |  switch point{
3 |  case let(x,y) where x == y:
4 |      print("x==y")
5 |  case let(x,y) where x == -y:
6 |      print("x==-y")
7 |  default:
8 |      print("x 和 y 没有直接关系")
9 |  }
```

输出结果：

x==y

上述例子是在值绑定的基础上，使用 where 语句进行条件判断。第 3 行代码中的 let（x，y）就是值绑定，然后在 case 后面使用了 where x == y，用于过滤元组 x 不等于 y 的字段。

4.3　控制转移语句

控制转移语句能够改变程序的执行顺序，可以实现程序的跳转。Swift 有 3 种控制转移语句：continue、break、fallthrough。

4.3.1　continue 语句

continue 语句用来告诉循环体终止现在的操作，然后开始迭代下一个循环。但不会离开循环体。在 for-condition-increment 循环中，continue 语句结束本次循环，跳过循环体中尚未执行的语句，接着执行终止条件的判断，以决定是否继续循环。对于 for 语句，在进行终止条件的判断前，还要先执行迭代语句。

在循环体中使用 continue 语句有两种方式，可以带有标签，也可以不带标签，语法格式如下。

```
continue // 不带标签
continue label // 带标签，label 是标签名
```

下面我们先来学习不带标签的 continue 语句。

```
1 |   for i  in 1…10{
2 |   if i%2==0{
3 |   continue
4 |   }
5 |   print("i 的值: (\i) ")
6 | }
```

输出结果:

```
i 的值: 1
i 的值: 3
i 的值: 5
i 的值: 7
i 的值: 9
```

在上述程序代码中,当满足条件 i%2==0 时,则执行 continue 语句,continue 语句会终止本次循环,循环体中 continue 之后的语句将不再执行,接着进行下次循环,所以输出结果中不会出现 1~10 之间的偶数。

接下来我们来看带标签的 continue 语句,注意定义标签时后面要跟一个冒号。不带标签的 continue 语句会终止本次循环,而带标签的 continue 语句会跳出其后面指定的标签语句。

带标签的 continue 语句示例代码如下。

```
1 |   var index = 0
2 |   var item = 5
3 |   labelA: for index in 1..<5{
4 |   labelB: for item in  2...6{
5 |       if  item == index {
6 |           continue labelA
7 |       }
8 |       print("(index,item)=\(index,item)")
9 |   }
10 |   }
```

输出结果:

```
(index,item)=(1, 2)
(index,item)=(1, 3)
(index,item)=(1, 4)
(index,item)=(1, 5)
(index,item)=(1, 6)
(index,item)=(3, 2)
(index,item)=(4, 2)
(index,item)=(4, 3)
```

在不使用标签的情况下,continue 只会跳出最近的内循环,也就是第 4 句代码中的 for 循环,如果要跳出第 3 行代码中的外循环,可以为外循环添加一个标签 labelA,然后在第 6 行的 continue 语句后面指定这个标签 labelA,这样当条件执行 continue 语句时,程序就会跳出外循环了。

4.3.2　break 语句

break 语可用于之前介绍的循环语句和 switch 语句。它的作用是能够立即终止整个控制流，并且可以根据你的需要，在 switch 语句或循环语句中的任何地方终止整个执行。当在循环体中使用 break 时，循环会立即停止，并将控制流带到循环体括号后方的第 1 行代码里。同时，循环体里其他的代码不会被执行，也不会开始下一次迭代。在 switch 语句里使用 break，switch 语句会立即终止，并将控制流带到 switch 语句括号后方的第 1 行代码里。switch 语句默认在每一个分支后隐式地添加了 break，我们一定要显式地添加 break 才可以使程序运行不受影响。

在循环体中使用 break 语句也有两种方式：可以带有标签，也可以不带标签。不带标签的 break 语句使程序跳出所在层的循环，而带标签的 break 语句使程序跳出标签指示的循环体。不带标签的 break 语句示例代码如下。

```
1 |  let scores = [60,89,76,68,96,86]
2 |  for  score in scores{
3 |      if  score == 68 {
4 |          break
5 |      }
6 |      print("score is \(score)")
7 |  }
```

输出结果：

```
score is 60
score is 89
score is 76
```

在上述程序代码中，当条件 score == 68 时，执行 break 语句，break 语句会终止循环，所以输出结果中只有 68 之前的数字。

break 还可以配合标签使用，示例代码如下。

```
1 |  var index = 0
2 |  var item = 5
3 |  labelA: for index in 1..<5{
4 |  labelB: for item in  2...6{
5 |      if  item >= index {
6 |          break labelA
7 |      }
8 |      print("(index,item)=\(index,item)")
9 |  }
10 |  }
```

输出结果：

```
(index,item)=(1, 2)
(index,item)=(1, 3)
(index,item)=(1, 4)
(index,item)=(1, 5)
(index,item)=(1, 6)
```

在不使用标签的情况下，break 只会跳出最近的内循环，即第 4 行代码中的 for 循环。如果要跳出第 3 行代码中的外循环，可以为外循环添加一个标签 labelA，然后在第 5 行代码的

break 语句后面指定这个标签 labelA，这样，当条件满足执行 break 语句时，程序就会跳出外循环了。

4.3.3 fallthrough 语句

fallthrough 是贯通语句，只能用在 switch 语句中。为了避免错误的发生，Swift 中 switch 语句的 case 分支不能贯通，即执行完一个 case 分支，立即跳出 switch 语句。但也有例外，如果算法中需要多个 case 分支贯通，也可以使用 fallthrough 语句，示例代码如下。

```
1 | let integer = 5
2 | var desc = "The number \(integer) is"
3 | switch integer {
4 | case 2, 3, 5, 7, 11, 13, 17, 19:
5 |     desc += " a prime number, and also"
6 |     fallthrough
7 | default:
8 |     desc += " an integer."
9 | }
```

输出结果：

```
The number 5 is a prime number, and also an integer.
```

上述例子中声明了一个名为 desc 的 String 型变量，并分派给它一个初始值，然后函数用 switch 匹配 integer 的值。如果 integer 的值符合素数列表中的一项，最后的 desc 会增加一段字符，注意数字都是素数。然后用 fallthrough 关键字让代码"掉到"default 里。default 的代码中再额外地给字符串添加一些描述，最后 switch 结束。如果 integer 不跟素数表中任何一项匹配，那也就不会匹配 switch 的第一个 case。这里面没有其他的 case，因此 integer 直接进入 default 容器。fallthrough 语句就是为了贯穿 case 分支而设置的。

4.4 流程嵌套

本节我们主要讲控制语句的嵌套，并以分支语句中的 if 语句的嵌套来讲解流程嵌套，示例代码如下。

```
 1 | var num = 150
 2 | if num > 100{
 3 |     if (num > 100) && (num < 200){
 4 |         num = 200
 5 |         print("num1 = \(num)")
 6 |     }else if (num > 200){
 7 |         num = 300
 8 |         print("num2 = \(num)")
 9 |     }else{
10 |         num += 50
11 |         print("num3 = \(num)")
12 |     }
13 | }else{
14 |     num = 100
```

```
15 |        print("num4 = \(num)")
16 |    }
```

在这里最外层的 if 语句，里层又嵌套一个 if 语句。第 2 行代码是最外层的 if 语句用来判断 num 的值是否大于 100：如果大于 100，在第 3～9 行代码嵌套 if-else 语句；如果满足 num>100 且 num<200，则将 num 赋值为 200，否则赋值为 300。在最外层的 num 中，如果 num 的值小于 100，则将 num 赋值为 100。

4.5　本章小结

本章我们主要向大家介绍了 Swift 语言的控制语句，其中包括分支语句（if 和 switch），循环语句（while、repeat-while 和 for-in）和控制转移语句（break、continue、fallthrough、return 和 throw）等，return 和 throw 语句会在后续章节详细介绍，最后我们讲解了流程嵌套。

4.6　思考练习

1．编写一段程序，要求用户输入一个大写字母，使用嵌套循环产生如下所示的金字塔图案。

A

ABA

ABCBA

ABCDCBA

ABCDEDCBA

2．输入一行字符串，使用 while 语句统计出其中的英文、空格、数字和其他字符的个数。

3．一个球从 100 米高度自由落下，每次落地后反跳回原来高度的一半，再落下，再反弹，求它在第 10 次落地时，共经过了多少米？

第 5 章　字符和字符串

我们在前面的章节中多次用到了字符串，字符串是由字符组成的一串字符序列，本章我们将重点介绍字符和字符串。

5.1　Swift 语言中的字符

在 Swift 语言中每一个字符都使用了 Unicode 编码，Swift 中的字符几乎涵盖了我们所知道的一切字符。表示一个字符可以使用字符本身，也可以使用它的 Unicode 编码，尤其是无法通过键盘输入的字符，使用编码更加方便表示，但编码的欷点是不容易记忆。

Unicode 编码有单字节编码、双字节编码和四字节编码，它们的表现形式是\u{n}，其中 n 为 1～8 个十六进制数。

单字节 Unicode 标量，表示形式\u{××}，××代表两位十六进制数。

双字节 Unicode 标量，表示形式\u{××××}，××××代表两位十六进制数。

四字节 Unicode 标量，表示形式\u{××××××××}，××××××××代表两位十六进制数。

下面我们来看一个示例。

```
1 |    let character1 = "#"
2 |    let character2 = "\u{23}"
3 |    let sign1:Character = "Ϋ"
4 |    let sign2:Character = "\u{03ab}"
5 |    let date1 = "  "
6 |    let date2 = "\u{0001f606}"
```

在 Swift 中，字符类型是 Character，与其他类型声明类似，可以指定变量或常量类型为 Character，也可以省略由编译器自动推断。常量 character1 和 character2 都代表字符#，#的 Unicode 编码是 0023，属于单字节编码，可以使用\u{23}表示。常量 sign1 和 sign2 被直接定义为 Character 类型，都表示希腊字符 Ϋ，Ϋ 的 Unicode 编码是 03ab，属于双字节编码，用\u{03ab}表示。常量 date1 和 date2 保存有表情符号，不是图片，它的 Unicode 编码为 0001f606，属于双字节编码，用\u{0001f606}表示。

在 Swift 中，一些特殊字符会用 "\" 加上字符来表示，称为转义字符。常见的转义字符如表 5-1 所示。

表 5-1　　　　　　　　　　　　　　　　　　转义字符

转义字符	描述
\0	空字符串
\\	反斜杠
\t	水平制表符 tab
\n	换行
\r	回车
\"	双引号
\'	单引号

示例代码如下。

```
1  |  let str1 = "Hello \n Swift"
2  |  print("反斜杠:\(str1)")
3  |  let str2 = "Hello \t Swift"
4  |  print("换行:\(str2)")
5  |  let str3 = "Hello \r Swift"
6  |  print("回车:\(str3)")
7  |  let str4 = "Hello\" Swift \"3.0"
8  |  print("双引号:\(str4)")
9  |  let str5 = "Hello\'Swift \'3.0"
10 |  print("单引号:\(str5)")
```

输出结果:

```
反斜杠: Hello
 Swift
换行: Hello    Swift
回车: Hello
 Swift
双引号: Hello" Swift "3.0
单引号: Hello'Swift '3.0
```

5.2　字符串常见操作

在 Swift 编程中，作为基础知识的字符串基本操作经常被用到，我们应该熟练应用。

5.2.1　字符串长度

我们可以通过 str.characters.count 属性来获取字符串的长度，示例代码如下。

```
1  |  var str = "hello"
2  |  print("str 的长度为:\(str.characters.count)")
```

5.2.2　字符串比较

判断关系符有>、<、>=、<=、==、!=，用于判断大小和判断是否相等。判断的依据是比较 Unicode 编码值大小，且从第 1 位依次比较，示例代码如下。

```
 1 |  let sign1 = "hello"
 2 |  let sign2 = "hfllo"
 3 |  if sign1>sign2
 4 |  {
 5 |      print("sign1 > sign2")
 6 |  }
 7 |  else if sign1 == sign2
 8 |  {
 9 |      print("sign1 ==sign2")
10 |  }else
11 |  {
12 |      print("sign1<sign2")
13 |  }
```

输出结果：

```
sign1<sign2
```

在上述例子中，将比较 sign1 和 sign2 的大小关系先转换成 Unicode 编码，比较第 1 位的 Unicode 码值是否相同，如果不同，会继续比较第 1 位，直到比较出大小关系。

> ✏️**注意** ┆ 字符串大小的比较和字符串长短无关。

5.2.3 字符串前缀和后缀判断

在字符串应用中，有时需要判断某字符串是否含有前缀和后缀。例如，网站需要判断是以 http 还是以 www 开头时，就需要判定前缀；对于文件类型，需要判断它的后缀。我们可以使用 str.hasPrefix(String)方法判断前缀，使用 str.hasSuffix(String)方法来判断后缀，示例如下。

```
 1 |  var str = "www.baidu.com"
 2 |  if str.hasPrefix("http")
 3 |  {
 4 |      print("字符串以 http 开头")
 5 |  }
 6 |  else if str.hasPrefix("www")
 7 |  {
 8 |      print("字符串以 www 开头")
 9 |  }
```

5.2.4 字符串的字符大小写转换

字符串的 uppercased()属性可以把字符串所有的小写字符变成大写字符，字符串的 lowercased()属性可以把字符串所有的大写字符变成小写字符，字符串的 capitalized 属性可以把字符串首字符大写，示例如下。

```
 1 |  var str = "hello world"
 2 |  str = str.uppercased()
 3 |  print("转换为大写:\(str)")
 4 |  str = str.lowercased()
 5 |  print("转换为小写:\(str)")
 6 |  str = str.capitalized
 7 |  print("首字母大写:\(str)")
```

输出结果：

转换为大写：HELLO WORLD
转换为小写：hello world
首字母大写：Hello World

5.2.5　字符串插入

示例如下。

```
1 |  let number = 9
2 |  let total = "\(number)*2 = \((number) *2)"
3 |  print(total)
```

输出结果：

9*2 = 18

以将常量 number 插入字符串中为例，需要用\(number)形式插入到字符串中，如果需要进行运算，可加上括号直接运算，但计算结果依然要以\()形式输出。

我们还可以通过 str.insert(newElement: Character, at:Index)的方法在字符串中插入新的字符，字符串的起始下标为 str.startIndex，结束下标为 str.endIndex。打印字符串的第 1 位字符时，利用 str[str.startIndex]方法访问。

```
1 |  var str = "hello swift"
2 |  str.insert("w", at: str.index(after: str.startIndex))
3 |  print("insert:\(str)")
```

输出结果：

insert:hwello swift

5.2.6　字符串添加

如果在字符串后边添加一个字符，我们使用 str.append()方法实现。如果在字符串后添加一个字符串，我们使用字符串拼接"+"或 str.append(String)方法，示例代码如下。

```
1 |  var str = "hello"
2 |  let apdc:Character = "o"
3 |  str.append(apdc)
4 |  print("添加字符:\(str)")
5 |  str+="world"
6 |  print("添加字符串:\(str)")
```

输出结果：

添加字符：helloo
添加字符串：hellooworld

5.2.7　字符串删除

1. 删除某个字符

我们通过 str.remove(at:Index)方法来删除字符串中的某个字符，示例代码如下。

```
1 |   var str = "swift"
2 |   str.remove(at: str.startIndex)//wift
3 |   print("删除第一个字符:\(str)")
4 |   str.remove(at: str.index(before: str.endIndex))//wif
5 |   print("删除最后一个字符:\(str)")
```

输出结果：

```
删除第一个字符: wift
删除最后一个字符: wif
```

2. 删除某个范围的字符串

我们一般先定义一个范围，然后调用 str.removeSubrange(bounds: Range<Index>)方法删除这个范围内的字符串，示例代码如下。

```
1 |   var str = "hello,swift"
2 |   let range = str.index(str.endIndex, offsetBy: -6)..<str.endIndex
3 |   str.removeSubrange(range)
4 |   print("删除指定范围的字符:\(str)")
```

输出结果：

```
删除指定范围的字符: hello
```

在上述例子中，第 2 行代码表示定义的范围从末尾开始向前 6 个字符，第 3 行代码表示删除 ", swift" 这 6 个字符。

3. 删除全部字符串

使用 str.removeAll()方法删除字符串的全部内容，示例代码如下。

```
1 |   var str = "hello"
2 |   str.removeAll()
3 |   print("删除全部字符:\(str)")
```

输出结果：

```
删除全部字符:
```

在上述例子中，删除全部字符后为空字符。

5.2.8　字符串提取

我们一般利用 str.subString 方法把字符串中某段提取出来，有以下 3 种形式。

```
str.substring(from:Index) 从开始提取到某个下标
str.substring(to:Index)从某个下标提取到结束
str.substring(with:Range<Index>)提取某个范围
```

示例代码如下。

```
1 |   var str = "hello swift"
```

```
2 |  var  str1 = str.substring(from: str.startIndex)
3 |  print("str1:\(str1)")
4 |  var str2 = str.substring(to: str.startIndex)
5 |  print("str2:\(str2)")
6 |  let range = str.index(str.endIndex, offsetBy: -6)..<str.endIndex
7 |  var str3 = str.substring(with: range)
8 |  print("str3:\(str3)")
```

输出结果：

```
str1:hello swift
str2:
str3: swift
```

为了方便理解，以光标为临界点进行提取，此时不用考虑包含或不包含前后元素的问题。

5.2.9　字符串替换

首先需要定义一个范围，然后使用一个新的字符串替换下指定范围的字符串。苹果官方文档为我们提供 4 种方法。

（1）str.replaceSubrange(bounds: Range<Index>, with:String)：在 Range 半开区间范围内，用 String 替换原来的字符串。

（2）str.replaceSubrange(bounds: Range<Index>, with:Collection)：在 Range 半开区间范围内，用集合类型数据替换原来的字符串。

（3）str.replaceSubrange(bounds: ClosedRange<Index>, with:String)：在 Range 闭区间范围内，用 String 字符串替换原来的字符串。

（4）str.replaceSubrange(bounds: ClosedRange<Index>, with:Collection)：在 Range 闭区间范围内，用集合类型数据替换原来的字符串。示例代码如下。

```
1 |  var str = "hello swift"
2 |  let range = str.index(str.endIndex, offsetBy: -6)..<str.endIndex
3 |  str.replaceSubrange(range, with: "hello")
4 |  print("str:\(str)")
```

输出结果：

```
str:hellohello
```

示例代码如下。

```
1 |  var str = "hello swift"
2 |  let range = str.index(str.endIndex, offsetBy: -6)..<str.endIndex
3 |  str.replaceSubrange(range, with: ["1","2"])
4 |  print("str:\(str)")
```

输出结果：

```
str:hello12
```

5.2.10　遍历字符串

通过 for-in 遍历，依次获取到每个字符，示例代码如下。

```
1 |  var str = "swift"
2 |  for Character in str.characters
3 |  {
4 |      print(Character)
5 |  }
```

输出结果：

```
s
w
i
f
t
```

5.3 String 与 NSString 关系

在 Swift 中使用字符串时，有可能使用 Foundation 中的 NSString 或 Swift 中的 String。Swift 在底层能够将 String 与 NSString 无缝地桥接起来，String 可调用 NSString 的全部 API。因为在 String 中使用 NSString，可以通过调用 NSString API 实现很多 String API 不具有的功能，因此有时类型转换是必要的。String 是值类型，而 NSString 是类，也就是引用类型，关于值类型和引用类型我们会在第 10 章中详细讲解，本节我们来先来学习它们之间的关系。

下面我们来看一个使用 String 和 NSString 的示例代码。

```
1 |  import Foundation
2 |  let  ocStr : NSString = "Swiftos"
3 |  let swiftStr : String = ocStr as String
4 |  let ocString2 : NSString = swiftStr
5 |  let ocStr2 : NSString = "56"
6 |  let intValue = Int(ocStr2 as String)
7 |  print(intValue!)
```

输出结果：

```
56
```

要想使用 NSString，需要引入 Foundation 或 Cocoa。第 1 行代码是引入 Foundation，第 2 行代码声明并初始化 NSString 字符串 ocStr，第 3 行代码是将 NSString 字符串赋值给 String 字符串变量 swiftStr。在这个过程中，我们需要进行类型转换，使用 as 运算符将 NSString 强制类型转换为 String。第 4 行代码是将 String 字符串赋值给 NSString 字符串，这个过程中也发生了类型转换，但这里我们不需要做任何操作。第 5 行代码声明并初始化 NSString 字符串，它是由数字组成的字符串，可以转换为数字类型。第 6 行代码先将 NSString 类型的 ocStr 转换为 String 类型，再转换为 Int 类型。最后打印出来的 intValue 的值为 56。

在上述例子中，我们用 let 声明了一个常量字符串，它对应 Objective-C 语言中的 NSString；用 var 声明了一个变量字符串，它对应 Objective-C 语言中的 NSMutableString。

5.4　本章小结

通过对本章内容的学习，我们了解了 Swift 语言的字符和字符串，以及 String 与 NSString 的关系。

5.5　思考练习

1．定义一个字符串，删除第 5 个字符。
2．定义两个字符串，实现这两个字符串拼接。

第 6 章　Collection 类型

Swift 语言提供了 3 种常见的 Collection 类型：数组、字典和集合。它们都能收集一组数据进行集中化管理，所以称为 Collection 类型。

6.1　数组

数组是由一组类型相同的元素构成的有序数据集合。数组中的集合元素是有序的，而且可以重复出现。

6.1.1　数组的创建

在 Swift 语言中，数组的类型格式为：

```
Array<ElementType>或[ElementType]
```

其中，Array<ElementType>中的 ElementType 表示数组的类型，< ElementType >是泛型写法。[ElementType]是一种简写方式。两者表示的功能是一样的，我们更偏向于使用简写形式，本书中所有的数组类型都使用简写形式。

下面我们来创建一个 String 类型的数组，示例代码如下。

```
1 |  var strArray1: Array<String>
2 |  let strArray2: [String]
```

在声明一个数组时，可以使用 let 和 var 进行修饰，其中 let 表示不可变数组，var 表示可变数组。

第 1 行代码声明了一个类型为 Array<String>的可变数组 strArray1，<String>是泛型，说明在这个数组中只能存放字符串类型的数据。

第 2 行代码声明了一个类型为[String]的不可变数组 strArray2，[String]也是声明一个只能存放字符串类型的数组。

接下来我们来学习如何创建一个空数组，示例代码如下。

```
1 |  var emptyStrs= [String]()
2 |  let emptyInts = [Int]()
```

创建一个数组前，需要对数组进行声明和初始化。上述第 1 行代码创建了一个 String 类型可变空数组 emptyStrs。其中，var 声明表示该数组是可变数组，中括号[]里面的值 String 表示数组的类型，[String]()是对数组进行初始化，只不过没有任何元素。

第 2 行代码与第 1 行代码同样是创建一个空数组 emptyInts，不同的是，let 声明的是一个不可变数组，该数组的类型是 Int 类型，必须在声明的同时进行初始化，并且一旦初始化，就不可以被修改。

最后我们来学习如何创建非空数组，示例代码如下。

```
1 |  var strArray1: Array<String> = ["hello","swift"]
2 |  var strArray2: [String] =  ["hello","swift"]
3 |  let strArray3 = ["hello","swift",15]
```

上述代码都是对数组进行声明和初始化，数组的类型是通过冒号（:）指明数组的类型。数组中的元素由一对中括号（[]）括起来，数组中的元素之间用逗号分隔。

第 1 行代码使用标准模板方式声明一个 String 类型的可变数组 strArray1，并初始化值为 ["hello"，"swift"]。其中，尖括号<String>表示数组的类型，说明 strArray1 只能存放 String 类型的元素。

第 2 行代码采用简写形式显式地声明可变数组 strArray2。其中，[String]表示数组的类型，说明 strArray2 只能存放 String 类型的元素。

第 3 行代码声明了一个不可变数组，这里采用的是隐式推断，没有指明数组的类型，根据初始化数组的值推断出数组的类型。在 strArray3 数组中，我们存放了 String 类型的"hello"，"swift"以及 Int 类型的 15。在没有明确指定数组类型时，我们可以在数组中存放不同类型的元素。

不可变数组在访问效率上比可变数组要高，可变数组通过牺牲访问效率来换取可变。当我们可以确定数组不需要修改时，应该将它声明为 let。如果数组内容需要改变，需要将它声明为 var。

此外，如果数组中存储多个相同的元素，我们可以通过以下方法快速创建该数组。

```
1 |  var threeDoubles = Array(repeating: 0.0, count: 3)
```

此时 threeDoubles 数组的内容为[0.0,0.0,0.0]。

6.1.2　数组的访问

在 Swift 数组中，我们可以通过数组的下标来访问数组中任意一个元素的值。数组的下标从 0 开始，例如，[0]表示数组的第一个元素，[1]表示数组的第二个元素。

```
1 |  var languageList: [String] = ["Swift","OC","Java","C"]
2 |  print("第一个元素:\(languageList[0])")
3 |  print("第二个元素:\(languageList[1])")
4 |  print("第三个元素:\(languageList[2])")
5 |  print("第四个元素:\(languageList[3])")
```

输出结果：

```
第一个元素: Swift
第二个元素: OC
第三个元素: Java
第四个元素: C
```

除了可以对数组中单个元素进行访问，我们还可以遍历数组，将数组中的每一个元素取出来进行操作或计算。使用 for-in 循环对数组进行遍历，示例代码如下。

```
1 |  var languageList: [String] = ["Swift","OC","Java","C"]
2 |  for item in languageList {
3 |      print("Item :\(Item)")
4 |  }
```

输出结果：

```
Item:Swift
Item:OC
Item:Java
Item:C
```

如果要获得每个元素的索引及其对应的值，可以使用全局的 enumerate 函数来迭代使用这个数组。enumerate 函数可以取出数组的索引和元素，适用于需要循环变量的情况。我们可以把元组中的成员转为变量或常量来使用，其中（index, value）是元组类型，示例代码如下。

```
1 |  for (index, value) in languageList.enumerated() {
2 |      print("Item \(index + 1): \(value)")
3 |  }
```

输出结果：

```
Item 1: Swift
Item 2: OC
Item 3: Java
Item 4: C
```

此外，我们可以通过数组的 count 属性计算数组的长度，示例代码如下。

```
1 |  var languageList: [String] = ["Swift","OC","Java","C"]
2 |  print("数组的长度:\(languageList.count)")
```

输出结果：

数组的长度：4

我们可以通过数组的 isEmpty 属性来判断数组是否为空数组，其中 isEmpty 是 Bool 型，示例代码如下。

```
1 |  var languageList: [String] = ["Swift","OC","Java","C"]
2 |  if languageList.isEmpty {
3 |      print("The languageList is empty")
4 |  } else {
5 |      print("数组的长度:\(languageList.count)")
6 |  }
```

输出结果：

数组的长度：4

上述代码通过 isEmpty 属性来判断 languageList 数组是否为空。如果为空，则输出 The

languageList is empty；如果不为空，则输出数组的长度。显然 languageList 不是一个空数组，最后程序运行的结果数组的长度为 4

6.1.3 数组的编辑

对数组的编辑包括对数组中元素的追加、插入、删除和替换等修改操作。

1. 数组的追加

追加数组元素可以使用数组 append 方法或使用 "+" 操作符实现，示例代码如下。

```
1 |  var languageList: [String] = ["Swift","OC","Java","C"]
2 |  languageList.append("iOS")
3 |  print("append:\(languageList)")
4 |  languageList +=  ["PHP", "HTML5"]
5 |  print("add:\(languageList)")
```

输出结果：

```
append:["Swift", "OC", "Java", "C", "iOS"]
add:["Swift", "OC", "Java", "C", "iOS", "PHP", "HTML5"]
```

在上述代码中，第 2 行代码使用 append 方法，在 languageList 数组的最后追加元素 "iOS"。此时 languageList 数组的值为["Swift", "OC", "Java", "C", "iOS"]。第 3 行代码使用运算符 "+"，在 languageList 数组后面加上["PHP", "HTML5"]数组，此时 languageList 数组的值为["Swift", "OC", "Java", "C", "iOS", "PHP", "HTML5"]。这里需要注意的是，languageList 数组指定是 String 类型的数组，所以我们只能追 String 类型的数据。

2. 数组的插入

我们使用 insert(newElement: Element,at:Index)方法实现在数组中插入新的元素。其中，Element 表示插入的元素，Index 表示插入元素的位置。

```
1 |  var languageList: [String] = ["Swift","OC","Java","C"]
2 |  languageList.insert("android",at:3)
3 |  print("insert:\(languageList)")
```

输出结果：

```
insert:["Swift", "OC", "Java", "android", "C"]
```

在上述代码中，第 2 行代码表示在数组第 3 个元素后面插入元素"android"。

3. 数组的删除

使用 remove(at:Int)可以删除数组中指定位置的元素，使用 removeAll()方法可以删除数组中的所有元素，使用 removeLast()可以删除数组中最后一个元素，示例代码如下。

```
1 |  var languageList: [String] = ["Swift","OC","Java","C"]
2 |  languageList.remove(at: 0)
3 |  print("删除第一个元素:\(languageList)")
4 |  languageList.removeLast()
```

```
5 |  print("删除最后一个元素:\(languageList)")
6 |  languageList.removeAll()
7 |  print("删除所有元素:\(languageList)")
```

输出结果：

```
删除第一个元素: ["OC", "Java", "C"]
删除最后一个元素: ["OC", "Java"]
删除所有元素: []
```

在上述代码中，第 2 行代码通过 remove(at:Int)方法，删除数组中的第一个元素，第 3 行代码删除数组中的最后一个元素，第 4 行代码删除数组中的所有元素。

4. 数组的替换

我们可以通过数组下标替换数组元素的值，示例代码如下。

```
1 |  var languageList: [String] = ["Swift","OC","Java","C"]
2 |  languageList[0] = "hello"
3 |  print ("replace:\(languageList)")
```

输出结果：

```
replace:["hello", "OC", "Java", "C"]
```

上述第 2 行代码将 languageList 数组的第一个元素修改为"hello"。

6.1.4 数组的复制

数组属于值类型，值类型在赋值或参数传递时会发生复制行为，赋予的值或传递的参数是一个副本。而引用类型在赋值或参数传递时不会发生复制行为，赋予的值或传递的参数是一个引用。

下面我们通过一个例子来介绍数组的复制。

```
1 |  var languageList: [String] = ["Swift","OC","Java","C"]
2 |  var copyList = languageList
3 |  languageList[0] = "iOS"
4 |  print("原来的值:\(languageList[0])")
5 |  print("拷贝的值:\(copyList[0])")
```

输出结果：

```
原来的值: iOS
拷贝的值: Swift
```

在上述代码中，第 1 行代码定义了 languageList 数组，第 2 行代码将数组 languageList 复制给 copyList，第 3 行将 languageList 数组的第一个元素的值改为"iOS"，第 4 行和第 5 行代码打印出 languageList 数组第一个值，以及复制的数组 copyList 第一个元素的值。由输出结果我们可以看出，虽然 languageList 数组第一个值发生改变，但 copyList 第一个元素的值却没有发生变化。这是因为数组值引类型，复制之后不会改变值，原来的数组改变，拷贝过来的数组不会改变。同样，复制后数组值改变也不会影响原来数组的值。

6.1.5　Array 与 NSArray 的关系

NSArray 与 Array 之间的关系如同 NSString 与 String 之间的关系，NSArray 是类类型，而 Array 是结构体类型，一个是引用类型，一个是值类型，它们如何实现无缝转换呢？Swift 在底层能够将它们自动地桥接起来，一个 NSArray 对象桥接之后的结果是[AnyObject]数组（保存 AnyObject 元素的 Array 数组）。

下面我们来看一个使用 Array 和 NSArray 的例子。

```
 1 |  let ocStr : NSString = "Swift is easy"
 2 |  let strArray : NSArray = ocStr.components(separatedBy: " ")
 3 |  let swiftArray = strArray
 4 |  for item in strArray {
 5 |      print(item) //输出类型是 NSString
 6 |  }
 7 |  for item in strArray as! [String] {
 8 |      print(item) //输出类型是 String
 9 |  }
10 |  for item in swiftArray {
11 |      print(item) //输出类型是 AnyObject
12 |  }
13 |  for item in swiftArray as! [String]{
14 |      print(item) //输出类型是 String
15 |  }
```

在上述代码中，第 1 行代码声明并初始化 Objective-C 中 NSString 类型的 ocStr，第 2 行代码使用 NSString 的 componentsSeparatedByString 方法，该方法可以使用指定的字符分隔字符串，返回 Objective-C 中 NSArray 数组 strArray。第 3 行代码是将 NSArray 数组赋值给 Swift 的 Array 数组 swiftArray，这个过程也发生了类型转换，不仅是 NSArray 到 Array 的转换，而且它们的内部元素也从 NSString 转换为 AnyObject。第 4 行代码是遍历 strArray 集合，第 5 行代码输出的是 NSString 数据。第 7 行代码是将数组 strArray 通过 as! 转换为[String]数组，然后遍历集合。第 8 行代码输出 String 类型的数据，第 11 行代码输出 AnyObject 数据，第 14 代码输出的是 String 数据。

6.2　字典

字典由键（key）和值（value）两部分构成。字典是一种存储多个类型相同的值的容器，每个值都和唯一的键相对应，这个键在字典里就是其对应值的唯一标识。键是不能有重复元素的，而值是可以重复的，键和值是成对出现的。与数组不同，字典里的元素并没有特定的顺序。

6.2.1　字典的创建

Swift 的字典类型的定义格式如下。

```
Dictionary<KeyType, ValueType>,
```

其中，KeyType 是字典中键的类型，ValueType 是字典中值的类型。首先我们来声明一个空字典：

```
1 |  var  addressDict = Dictionary<String,String >()
```

我们创建一个空的字典 addressDict。键为 String 类型，值也为 String，初始化后没有任何元素。

字典是以键值对的形式出现的，键值对是一个键和一个值的组合。在字典中，每对键值对中的键和值使用冒号分开，键值对之间用逗号分开，用一对方括号将这些键值对包起来。

```
[key 1:value 1,key 2:value 2,key 3:value 3]
```

下面我们来创建一个用键表示城市，用值表示地区的字典，示例代码如下。

```
1 |  var addressDict1: Dictionary<String, String> = ["上海" : "黄浦区","广东" : "深圳","江苏" : "南京"]
2 |  var addressDict2 = ["上海" : "黄浦区","广东" : "深圳","江苏" : "南京"]
3 |  let addressDict3 = ["上海" : "黄浦区","广东" : "深圳","江苏" : "南京"]
```

在上述代码中，采用 3 种写法创建同一个字典。第 1 行代码使用冒号（：）指定字典的类型为 Dictionary<String, String>，声明一个名为 addressDict1 的可变字典，并初始化值为["上海"："黄浦区", "广东" : "深圳", "江苏" : "南京"]。其中，"上海" "广东" "江苏" 表示键，"黄浦区" "深圳" "南京" 表示值。

第 2 行代码使用 var 声明了可变字典 addressDict2，这里没有指定字典类型，Swift 语言会根据字典的值自动推断出字典的类型。

第 3 行使用 let 声明了不可变字典 addressDict3，在声明的同时初始化，一旦被初始化就不可以被修改。

6.2.2 字典的访问

在 Swift 字典中，我们可以通过字典的键来访问该键对应的值，示例代码如下。

```
1 |  var addressDict = ["上海" : "黄浦区","广东" : "深圳","江苏" : "南京"]
2 |  print(addressDict["上海"]!)
```

输出结果：

```
黄浦区
```

除了对字典单个值进行访问，我们还可以对字典进行遍历。遍历字典是字典的重要操作。与数组不同，字典由键和值两部分组成。因此，遍历过程可以通过遍历值，也可以通过遍历键，也可以同时遍历。这些遍历过程都是通过 for-in 循环实现的，下面是遍历字典的示例代码。

```
1 |  var addressDict = ["上海" : "黄浦区","广东" : "深圳","江苏" : "南京"]
2 |  for cityName in addressDict.keys {
3 |      print("遍历键 key:\(cityName)")
4 |      print("对应的值 value:\(addressDict[cityName]!)")
5 |  }
6 |  for addressName in addressDict.values {
7 |      print("遍历值 value:\(addressName)")
8 |  }
9 |  for (cityName, addressName) in addressDict {
10 |      print("遍历键值 key: \(cityName) : value: \(addressName)")
```

```
11 |    }
```

输出结果：

```
遍历键 key: 江苏
对应的值 value: 南京
遍历键 key: 上海
对应的值 value: 黄浦区
遍历键 key: 广东
对应的值 value: 深圳
遍历值 value: 南京
遍历值 value: 黄浦区
遍历值 value: 深圳
遍历键值 key: 江苏: value: 南京
遍历键值 key: 上海: value: 黄浦区
遍历键值 key: 广东: value: 深圳
```

在上述代码中，我们采用 3 种方法遍历字典，它们都采用了 for in 语句。第 2 行代码采用 for-in 循环遍历了键集合，其中，keys 是字典属性，可以返回所有键的集合。第 3 行代码打印出字典所有的键，第 4 行代码打印出键对应的值。第 6 行代码采用 for-in 循环遍历了值的集合，其中，values 是字典属性，可以返回所有值的集合。第 7 行代码打印出字典所有的值。

第 9 行代码采用 for-in 循环遍历取出的字典元素，（cityName, addressName）是元组类型，它由键变量 cityName 和值变量 addressName 组成。第 10 行代码打印出字典所有的键值对。

与数组一样，我们可以通过只读属性 count 获得 Dictionary 中元素的数量，示例代码如下。

```
1 |  var addressDict = ["上海" : "黄浦区","广东" : "深圳","江苏" : "南京"]
2 |  print("The addressDict contains \(addressDict.count) items.")
```

输出结果：

```
The addressDict contains 3 items.
```

6.2.3　字典的编辑

我们可以对字典中的元素进行添加、删除和替换等操作。

1. 字典的添加

字典元素的添加比较简单，使用下标语法向字典中添加新的元素。以一个合适类型的新键作为下标索引，并且赋给它一个合适类型的值，就可以对字典增加一个新的键值对元素，示例代码如下。

```
1 |  var addressDict = ["上海" : "黄浦区","广东" : "深圳","江苏" : "南京"]
2 |  addressDict["四川"] = "成都"
3 |  print(addressDict)
```

输出结果：

```
["上海": "黄浦区", "四川": "成都", "江苏": "南京", "广东": "深圳"]
```

2. 字典的替换

字典元素替换也有两种方法，一种是直接给一个存在的键赋值，这样新值就会替换旧值；另一种方法是通过 updateValue（forKey：）方法替换，方法的返回值是要替换的值。可以使用下标语法来改动某个键对应的值在上述程序的基础上添加如下代码。

```
1 |  var addressDict = ["上海" : "黄浦区","广东" : "深圳","江苏" : "南京"]
2 |  addressDict["上海"] = "浦东新区"
3 |  print(addressDict)
```

输出结果：

```
["江苏": "南京", "上海": "浦东新区", "广东": "深圳"]
```

为特定的键设值或更新值时，使用 updateValue（forKey：）方法来替代下标。该方法在键不存在时会设置一个新值，在键存在时会更新该值，示例代码如下。

```
1 |  var addressDict = ["上海" : "黄浦区","广东" : "深圳","江苏" : "南京"]
2 |  addressDict.updateValue("浦东新区", forKey: "上海")
3 |  print(addressDict)
4 |  addressDict.updateValue("成都", forKey: "四川")
5 |  print(addressDict)
```

输出结果：

```
["江苏": "南京", "上海": "浦东新区", "广东": "深圳"]
["上海": "浦东新区", "四川": "成都", "江苏": "南京", "广东": "深圳"]
```

在上述代码中，第 2 行代码 addressDict.updateValue（"浦东新区", forKey: "上海"）表示将键"上海"对应的值"黄浦区"替换为"浦东新区"。由于 addressDict 字典里没有"四川"这个键，所以第 4 行代码 addressDict.updateValue（"成都", forKey: "四川"）表示在字典里添加"四川" — "成都"这样一组键值对。

3. 字典的删除

字典元素删除指定键值对有两种常用的方法。一种是给一个键赋值为 nil，就可以删除元素；另一种方法是通过字典的 removeValue（forKey：）方法删除元素，方法的返回值是要删除的值。removeAll()表示删除字典中所有元素。

```
1 |  var addressDict = ["上海" : "黄浦区","广东" : "深圳","江苏" : "南京"]
2 |  addressDict["上海"] = nil
3 |  print(addressDict)
4 |  addressDict.removeValue(forKey: "广东")
5 |  print(addressDict)
6 |  addressDict.removeAll()
7 |  print(addressDict)
```

输出结果：

```
["江苏": "南京", "广东": "深圳"]
```

```
["江苏": "南京"]
[:]
```

在上述代码中，第 2 行代码在 addressDict 这个字典中，把"上海"这个键赋值为 nil。删除"上海"—"黄浦区"这对键值对，第 4 行代码 addressDict.removeValue（forKey: "广东"）删除"广东"—"深圳"这对键值对。第 6 行代码使用 removeAll()方法，删除字典中所有元素。

6.2.4　字典的复制

字典同数组一样，在赋值或参数传递过程中会发生复制行为，下面我们通过一个例子来说明字典的复制。

```
1 |  var addressDict = ["上海" : "黄浦区","广东" : "深圳","江苏" : "南京"]
2 |  var copyDict = addressDict
3 |  addressDict["上海"] = "浦东新区"
4 |  print(addressDict)
5 |  print(copyDict)
```

输出结果：

```
["江苏": "南京", "上海": "浦东新区", "广东": "深圳"]
["江苏": "南京", "上海": "黄浦区", "广东": "深圳"]
```

字典和数组一样都是值类型，字典的复制和数组一致，当原来字典的键值对发生改变时，复制的字典的键值对不会发生改变。

6.2.5　Dictionary 与 NSDictionary 的关系

在 Foundation 框架中提供一种字典集合，它是由键值对构成的集合。键集合不能重复，值集合没有特殊要求。键和值集合中的元素可以是任何对象，但是不能是 nil。Foundation 框架字典类也分为 NSDictionary 不可变字典和 NSMutableDictionary 可变字典。

NSDictionary 与 Dictionary 之间的关系如同 NSArray 与 Array 之间的关系，Swift 在底层能够将它们自动地桥接起来，一个 NSDictionary 对象桥接之后的结果是[NSObject : AnyObject]字典（值为 NSObject 类型，键为 AnyObject 类型的 Dictionary 字典）。

```
 1 |  import Foundation
 2 |  let keyStr : NSString = "one two three four five"
 3 |  let keys : NSArray = keyStr.components(separatedBy: " ")
 4 |  let valueStr : NSString = "swift Object-C java C PHP"
 5 |  let values : NSArray = valueStr.components(separatedBy: " ")
 6 |  let foundationDict : NSDictionary = NSDictionary(objects:values as [AnyObject], forKeys:keys
as! [NSCopying])
 7 |  let swiftDict : Dictionary = foundationDict as Dictionary
 8 |  print("字典:\(swiftDict.description)")
 9 |  let value: AnyObject? = swiftDict["three"]
10 |  print("threeValue:\(value!)")
11 |  for (key, value) in swiftDict {
12 |      print("key:\(key) - value:\(value)")
13 |  }
```

输出结果：

```
字典: [one: swift, five: PHP, three: java, two: Object-C, four: C]
threeValue:java
key:one - value:swift
key:five - value:PHP
key:three - value:java
key:two - value:Object-C
key:four - value:C
```

在上述代码中，第 1 行代码引入 Foundation，第 6 行代码声明并初始化 NSDictionary 字典，第 7 行代码将 NSDictionary 字典赋值给 Dictionary 字典，这个过程也发生了类型转换，不仅是 NSDictionary 到 Dictionary 的转换，而且它们的内部元素也发生了转换。

第 10 行代码从 Dictionary 字典取 three 键对应的值，它的类型是可选的 AnyObject 类型，这是因为有可能取不到这个值。第 11 行代码遍历 Dictionary 字典键和值集合。

6.3 集合

集合（Set）是一种特殊的无序 collection 类型，集合里多个对象之间没有明显的顺序。Set 集合不允许包含相同的元素，如果试图把两个相同的元素放在同一个 Set 集合中，则只会保留一个元素。

6.3.1 集合的创建

首先我们来创建一个空集合，示例代码如下。

```
1 |  var set = Set<Character>()
```

该行代码定义了一个 Character 类型的可变空集合 set，<Character>表示集合的类型。一个 set 不能单独地从定义上推断出类型，所以 set 必须被明确地定义。

接下来我们声明一个简单的非空集合。

```
1 |  var setStr:Set<String> = ["swift","oc","c"]
```

该行代码我们创建了一个 String 类型的可变集合 setStr，因此在集合中只能出现 String 类型的数据，如果放入了其他类型的数据，会引发异常。不过当我们初始化 Set 后，也可以不指定结合的类型。示例代码如下。

```
1 |  var setStr:Set = ["swift","oc"]
```

集合和数组在写法上是很相似的，区别在于集合的元素没有索引，因此集合不能根据索引来操作元素。但集合是根据 Hash 算法来存储其中的元素，因此具有很好的存取和查找性能。

6.3.2 集合的访问

Set 是一个无序的集合，我们不能像数组那样通过下标访问集合元素，但可以通过 for-in 循环来遍历一个集合，示例代码如下。

```
1 |  for str in setStr {
2 |     print("\(str)")
3 |  }
```

我们可以通过集合的只读属性 count，计算出集合的长度，示例代码如下。

```
1 |  var setStr:Set = ["swift","oc","c"]
2 |  print(setStr.count)
```

输出结果：

```
3
```

此外，我们可以通过 isEmpty 属性来判断集合是否为空，示例代码如下。

```
1 |  var setStr:Set = ["swift","oc","c"]
2 |  if setStr.isEmpty {
3 |     print("set is empty")
4 |  } else {
5 |     print("集合的长度:\(setStr.count)")
6 |  }
```

输出结果：

```
集合的长度: 3
```

6.3.3　集合的编辑

我们可以对集合中的元素进行插入、删除操作。

1. 集合的插入

我们使用 insert（:）方法在集合中插入新值，示例代码如下。

```
1 |  var setStr:Set = ["swift","oc","c"]
2 |  setStr.insert("iOS")
3 |  print("setStr:\(setStr)")
```

输出结果：

```
setStr:["iOS", "swift", "oc", "c"]
```

2. 集合的删除

我们可以通过 remove(:)方法删除集合中的某个元素。因为可能遇到一个集合中没有的元素，所以集合返回该集合类型的可选值。如果集合中有该元素，则返回该值；如果不存在，就返回 nil。使用 removeAll()方法，删除集合的所有元素，示例代码如下。

```
1 |  var setStr:Set = ["swift","oc","c",4,5,6,7]
2 |  if let removedSet = setStr.remove("oc") {
3 |     print("删除: \(removedSet)")
4 |  } else {
5 |     print("not remove")
6 |  }
```

输出结果:

删除: oc

3. 集合的包含

通过 contains(_:)方法来判断一个集合中是否包含某个元素，示例代码如下。

```
1 | var setStr:Set = ["swift","oc","c"]
2 | if setStr.contains("swift") {
3 |     print("contains  swift")
4 | } else {
5 |     print(" not contains  swift")
6 | }
```

输出结果:

contains swift

6.3.4 集合的关系

除了上面提到的对集合的操作外，我们还可以进行更高效率的 set 操作。例如合并两个 set，获取两个集合的相同部分，或者判断两个集合都包含的一些值或者都不包含的一些值，示例代码如下。

```
1 | let oddDigits: Set = [1, 3, 5, 7, 9]
2 | let evenDigits: Set = [0, 2, 4, 6, 8]
3 | let singleDigitPrimeNumbers: Set = [2, 3, 5, 7]
```

（1）并集。

```
1 | oddDigits.union(evenDigits).sorted()// [0, 1, 2, 3, 4, 5, 6, 7, 8, 9]
```

（2）交集。

```
1 | oddDigits.intersection(evenDigits).sorted()// []
```

（3）前一个包含，后一个包含的元素。

```
1 | oddDigits.subtracting(singleDigitPrimeNumbers).sorted()// [1, 9]
```

（4）在前一个或者后一个 set 里面，但是去掉同时包含的元素。

```
1oddDigits.symmetricDifference(singleDigitPrimeNumbers).sorted()// [1, 2, 9]
```

（5）使用==判断两个集合是否完全一样。

```
1 | let isEqual:Bool = oddDigits == singleDigitPrimeNumbers
2 | print(isEqual) //false
```

（6）使用 isSubsetof 判断一个集合中的值是否同时被包含在另个一集合中。

```
1 | let isSubset =  oddDigits.isSubset(of: evenDigits)
2 | print(isSubset)//false
```

（7）使用 isSupersetof 判断一个集合的所有值是否被包含在另一个集合中。

```
1 |  let  isSuperset = evenDigits.isSuperset(of: oddDigits)
2 |  print(isSuperset)//false
```

（8）使用 isDisjointwith 判断两个集合中是否不含相同的值。

```
1 |  let isDisjoint =  evenDigits.isDisjoint(with: singleDigitPrimeNumbers)
2 |  print(isDisjoint)//false
```

6.4　本章小结

本章主要介绍 Swift 语言的 Collection 类型，其中包括了数组、字典和集合。

6.5　思考练习

1．定义一个数组，存放 10 个整型数据，对这 10 个数按从小到大的顺序进行排序。

2．有一个已经排好顺序的数组，要求输入一个数后，按原来的排序规律将它插入到数组中。

第7章　函数和闭包

函数是执行特定任务的代码自包含块。给定一个函数名称标识，当执行特定任务时就可以"调用"这个标识。Swift 语言中的每个函数都有一个类型，包括函数的参数类型和返回类型。你可以很方便地使用此类型的函数，将函数作为参数传递给其他函数，或者从函数中返回函数类型。函数也可以写在其他函数中，封装为一个嵌套函数使用。

7.1　函数的声明和调用

使用函数首先需要定义函数，然后在合适的地方调用该函数，函数的语法格式如下。

```
func 函数名(参数列表) -> 返回值类型 {
函数体
return 返回值
}
```

在 Swift 中定义函数时，关键字是 func，函数名要符合标识符命名规范，函数名用来描述函数执行的任务。多个参数列表之间可以用逗号隔开，也可以没有参数。

在参数列表后使用 "->" 指示返回值类型。返回值有单个或多个值，多个值返回可以使用元组类型实现。如果函数没有返回值，则 "->返回值类型" 部分可以省略。相应地，如果函数有返回值，要在函数体最后使用 return 语句将计算的值返回；如果没有返回值，则函体中可以省略 return 语句。下面我们通过定义一个求两个数和的函数，来学习函数的声明和调用，示例代码如下。

```
1 |  func add(number1: Int, number2: Int)->Int{
2 |      let number = number1 + number2
3 |      return number
4 |  }
5 |  print("和:\(add (number1: 20, number2: 30))")
```

输出结果：

```
10 * 10 = 100
```

上述代码定义了计算两个数和的函数 add，它有两个 Int 类型的参数，分别为 number1 和 number2，函数的返回类型也是 Int。最后一行代码通过 add（number1: 20, number2: 30）语句实现调用 add 函数，调用函数时需要指定函数名和参数值。需要注意的是，在 Swift 3 中调用函数时，必须写出全部的参数名，而在 Swift 2 中调用函数时，第一个参数名可以不写的。在上述例子中，调用 add 函数时要写出参数名 number1 和 number2，我们会在下一节函数参数中向大家详细讲解为什么要写出这两个参数。

7.2 函数参数

Swift 中的函数很灵活，具体体现在传递参数有很多种形式，本节我们将介绍几种不同形式的参数。

7.2.1 无参函数

函数并没有要求一定要定义的输入参数，下面的例子是一个没有输入参数的函数。

```
1 |  func learnSwift () -> String{
2 |      return "Swift"
3 |  }
4 |  print(learnSwift())
```

任何时候调用时它总是返回相同的字符串消息："Swift"。该函数的定义在函数名称后还需要括号，即使它不带任何参数。当函数被调用时函数名称也要跟着一对空括号。

7.2.2 含参函数

函数可以有多个输入参数，输入参数要写到函数的括号内，并用逗号加以分隔。下面示例代码中的函数设置了一个开始和结束索引的一个半开区间，用来计算物体滑动过程中坐标的 X 值从起点到终点的距离。

```
1 |  func positionX(startX : Int, endX : Int) ->Int{
2 |      return endX - startX
3 |  }
4 |  print("起点和终点的距离:\(positionX(startX: 1, endX: 10))")
```

输出结果：

```
起点和终点的距离: 9
```

7.2.3 函数参数标签和参数名

如果我们定义的函数有很多参数，那么函数的参数中都要有一个参数标签和一个参数名称。函数的参数标签是为了程序的安全性，在调用函数时使用，这样我们只需传入参数标签，而不需要传入参数名。默认情况下，如果没有写参数标签，调用函数时会把参数名作为函数参数标签。我们以上一节计算两个数和的函数 add（number1:,number2:）为例，来学习函数外部参数。

在 add 函数中函数的参数名为 number1 和 number2，在程序中我们使用 print("和:\(add(number1: 20, number2: 30))")调用 add 函数时，由于在 add 函数中没有定义挖补标签，所以此时函数的参数标签默认为 number1 和 number2。

除了默认情况下，参数名就是参数标签，我们也可以为参数单独写一个标签，语法格式如下。

```
func 函数名(参数标签  参数名：参数类型) -> 返回值类型{
函数体
}
```

我们通过一个例子来学习为函数的参数定义参数标签。

```
1 |  func learn(L language: String, B bookName: String) -> String {
2 |      return "learn \(language) from \(bookName)."
3 |  }
4 |  print(learn(L:"Swift",B:"The Swift Programming Language (Swift 3)"))
```

输出结果：

```
learn Swiftfrom The Swift Programming Language (Swift 3)
```

在上述代码中，第 1 行代码定义了函数 learn，参数为 language 和 bookName，返回值为 String 类型。同时，我们为两个参数定义了外部标签 L 和 B。第 2 行代码定义函数的返回值。第 3 行代码在调用 learn 函数时，只需要传入参数的外部标签 L 和 B，不需要传入函数的参数名。

当我们不需要参数标签时，可以使用下划线来忽略参数标签，示例代码如下。

```
1 |  func someFunction(_ firstName: Int, secondName: Int) {
2 |  }
3 |  someFunction(1, secondName: 2)
```

在上述代码中，第 1 行代码在 someFunction 函数中采用（_）下划线忽略了第一个参数 firstName 的参数标签。

7.2.4 参数默认值

我们在定义函数时可以为参数设一个值，当调用函数时可以忽略该参数，示例代码如下。

```
1 |  func join(string s1: String, toString s2:String,
2 |          withJoiner joiner:String = "") -> String{
3 |      return s1 + joiner + s2
4 |  }
5 |  print(join(string: "hello", toString: "world"))
6 |  print(join(string: "hello", toString: "world", withJoiner: "_"))
```

输出结果：

```
helloworld
hello_world
```

在上述代码中，第 1 行代码定义了 join 函数，实现 3 个字符串的拼接，这里设置第 3 个参数 joiner 默认值为空。在参数列表中，默认值可以放在参数后面，通过等号赋值。第 2 行代码返回 3 个字符串的拼接。第 3 行代码没有为第 3 个参数传递任何值，在调用 join 函数时将这个默认值作为第 3 个参数的值，输出结果为 helloworld。第 4 行代码为第 3 个参数传递了值 "_"，调用 join 函数，输出结果为 "hello_world"。

在调用函数时，如果调用者为默认参数值传递了新的参数值，则使用传递过来的值，否则即使用这个默认值。

7.2.5　可变参数

Swift 中函数的参数个数可以变化，函数可以接受不确定数量的输入类型参数，它们具有相同的类型。我们可以通过在参数类型名后面加入 "…" 的方式来指示这是可变参数，示例代码如下。

```
1 |  func average(numbers:Double...)->Double{
2 |      var total:Double = 0
3 |      for number  in numbers{
4 |          total += number
5 |      }
6 |      return total / Double(numbers.count)
7 |      }
8 |  print("平均数1:\(average(numbers: 1.6,9.2,7.3,5.4,7.5))")
9 |  print("平均数2:\(average(numbers: 100.6, 20.42, 30))")
```

输出结果：

```
平均数1: 6.2
平均数2: 50.34
```

在上述代码中，第 1 行代码定义了一个 average 函数，用来计算传递给它的所有参数的平均数，参数列表 "numbers：Double…" 表示这是 Double 类型的可变参数。在函数体中，参数 numbers 被认为是一个 Double 数组，使用 for-in 循环遍历 numbers 数组集合，计算它们的总和，求出平均数，然后返回给调用者。在第 8～9 行代码中调用了 average 函数，这里虽然传入参数的个数不同，但可以获取它们的平均值。

7.2.6　参数的传递引用

参数传递方式有两种：值类型和引用类型。值类型向函数传递的是参数的一个副本，这样在函数的调用过程中不会影响原始数据。引用类型是把本身数据传递给函数，这样在函数的调用过程中会影响原始数据。

在众多的数据类型中，只有类是引用类型，其他的数据类型，如整型、浮点型、整型、字符串、元组、集合、枚举和结构体全部是值类型。

如果一定要将一个值类型参数作为引用传递，可以利用 Swift 提供的 inout 关键字实现。在参数名前加 inout 关键字，可以在函数内部修改函数外部变量的值，示例代码如下。

```
1 |  func swap( num1: inout Int, num2: inout Int){
2 |      let temp = num1
3 |      num1 = num2
4 |      num2 = temp
5 |      print("value1 = \(num1),value1 = \(num2)")
6 |  }
7 |  var value1 = 10
8 |  var value2 = 20
9 |  swap(num1: &value1, num2: &value2)
```

输出结果：

```
value1 = 20,value1 = 10
```

在上述代码中，第 1 行代码定义了一个 swap 函数，用于实现交换 num1 和 num2 这两个参数的值。在参数定义时添加了 inout 关键字，inout 标识的参数被称为是输入-输出参数。第 2～4 行代码实现数据的交换。其中，第 2 行代码表示将 num1 的值赋给 temp 常量，第 3 行代码表示将 num2 的值赋给 num1，第 4 行代码表示将 temp 的赋值给 num2，这样就实现了将 num1 和 num2 的值互换。第 9 行代码在调用 swap 函数传递实参时，必须在实参前加上&，也就是在 value1 和 value2 前面加上&，这是传递引用的方式，这样就实现了将 value1 和 value2 的值互换。

7.3 函数返回值

Swift 中函数的返回值也是比较灵活的，形式主要有两种：无返回值和有返回值。其中，有返回值又包括单一返回值和多返回值。

7.3.1 无返回值函数

有的函数只是为了处理某个过程，或者返回的数据要通过 inout 类型参数传递出来，这时可以将函数设置为无返回值。所谓无返回值，事实上是 Void 类型，即表示没有数据的类型。

无返回值函数的语法格式有如下 3 种形式。

（1）形式 1：

```
func 函数名（参数列表）->Void {
  函数体
}
```

（2）形式 2：

```
func 函数名（参数列表）->() {
函数体
}
```

（3）形式 3：

```
func 函数名（参数列表）{
函数体
}
```

无返回值函数不需要"return 返回值"语句，形式 1 中的"->Void"表示返回类型是 Void 类型。形式 2 中的"-> ()"表示返回类型是空的元组。形式 3 的语法格式很彻底，参数列表后面没有箭头和类型。我们通常使用形式 3 的语法格式来表示没有返回值的函数。

在上一节中，参数传递引用的示例 swap 函数就是一个没有返回值的函数，示例代码如下。

```
1 |   func swap( num1: inout Int, num2: inout Int){
```

```
2 |        let temp = num1
3 |        num1 = num2
4 |        num2 = temp
5 |        print("value1 = \(num1),value1 = \(num2)")
6 |    }
```

我们可以将 swap 函数名改写成上面的其他两种写法。

（1）写法 1：

```
1 |    func swap( num1: inout Int, num2: inout Int)->(){}
```

（2）写法 2：

```
1 |    func swap( num1: inout Int, num2: inout Int)-> Void{
   }
```

7.3.2 有返回值函数

函数有返回值时，可能只需要一个返回值，也可能需要多个返回值。下面我们来学习只有一个返回值的函数，示例代码如下。

```
1 |    func multiplyTwoInts(a:Int, b:Int) ->Int{
2 |        return a * b
3 |    }
```

这里我们定义了 multiplyTwoInts 函数，包含 a 和 b 两个参数，返回一个 Int 类型的数据等于 a 和 b 的乘积。

函数返回多个值可以通过两种方式来实现：一种是在函数定义时，将函数的多个参数声明为引用类型传递，这样当函数调用结束时，这些参数的值就变化了；另一种是将返回定义为元组类型。

本节将介绍通过取数组中最大值和最小值的方法实现返回多个值，示例代码如下。

```
 1 |    func minAndMax(array: [Int]) -> (min: Int, max: Int) {
 2 |        var currentMin = array[0]
 3 |        var currentMax = array[0]
 4 |        for value in array[1..<array.count] {
 5 |            if value < currentMin {
 6 |                currentMin = value
 7 |            } else if value > currentMax {
 8 |                currentMax = value
 9 |            }
10 |        }
11 |        return (currentMin, currentMax)
12 |    }
13 |    let array = minAndMax(array: [8, -6, 2, 109, 3, 71])
14 |    print("最小值 is \(array.min) and 最大值 is \(array.max)")
```

输出结果：

最小值 is -6 and 最大值 is 109 进阶函数。

第 1 行代码定义了 minAndMax 函数，用来获取一个数组中的最大值和最小值，此时函数返回值可以用一个元组来表示。

如果不确定一个数组返回的最大值和最小值一定存在，那么就要用一个可选类型的元组来作为返回值。如果没有返回值，那么整个元组为 nil。我们可以在返回元组类型后加一个问号，表示这是一个可选类型的元组，例如（Int, Int）?或者（String, Int, Bool）?。

```
 1 |  func minAndMax(array: [Int]) -> (min: Int, max: Int)? {
 2 |      var currentMin = array[0]
 3 |      var currentMax = array[0]
 4 |      for value in array[1..<array.count] {
 5 |          if value < currentMin {
 6 |              currentMin = value
 7 |          } else if value > currentMax {
 8 |              currentMax = value
 9 |          }
10 |      }
11 |      return (currentMin, currentMax)
12 |  }
13 |  if  let array = minAndMax(array: [8, -6, 2, 109, 3, 71]){
14 |      print("最小值 is \(array.min) and 最大值 is \(array.max)")
15 |  }
```

输出结果同上。

7.4　函数类型

每个函数都有一个类型，函数的类型包括参数类型和返回值类型。使用函数的类型与使用其他数据类型一样，可以声明变量或常量，也可以作为其他函数的参数或者返回值。

7.4.1　作为参数类型使用

我们可以把函数类型作为另一个函数的参数类型使用，示例代码如下。

```
 1 |  func add ( a: Int,  b: Int) -> Int {
 2 |      return a + b
 3 |  }
 4 |  func multiply(a: Int, b: Int) -> Int {
 5 |      return a * b
 6 |  }
 7 |  var mathFunction: (Int, Int) -> Int = add
 8 |  func result(mathFunction: (Int, Int) -> Int, a: Int,  b: Int) {
 9 |      print("Result: \(mathFunction(a, b))")
10 |  }
11 |  result(mathFunction: add, a: 3, b: 5)
```

输出结果：

```
Result: 8
```

在上述代码中，第 1 行和第 4 行代码分别定义了 add 和 multiply 函数，add 函数实现两个整型数据相加，multiply 函数实现两个整型数据相减，add 和 multiply 的函数类型为(Int, Int) -> Int。第 7 行代码定义一个类型为(Int, Int) -> Int 的变量 mathFunction，并将 add 函数的值赋给 mathFunction 变量。

第 8 行代码定义了一个 result 函数，参数分别为 mathFunction、a、b，其中，mathFunction 的类型为 (Int, Int) -> Int，将 add 函数的函数类型作为 result 函数的参数，参数 a 和 b 分别为 Int 类型。

7.4.2　作为返回值类型使用

我们也可以把函数类型作为另一个函数返回类型使用，示例代码如下。

```
1 |  func forward(_ input: Int) -> Int {
2 |      return input + 1
3 |  }
4 |  func backward(_ input: Int) -> Int {
5 |      return input - 1
6 |  }
7 |  func chooseStep(backward1: Bool) -> (Int) -> Int {
8 |      return backward1 ? backward : forward
9 |  }
```

在上述代码中，第 1 行和第 4 行代码分别定义了 forward 和 backward 函数，forward 函数实现对 input 加 1，backward 函数实现对 input 减 1。第 7 行代码定义了 chooseStep 函数，它的参数是布尔类型，返回值是(Int) -> Int 类型，即 forward 和 backward 函数的函数类型，把 forward 和 backward 函数的函数类型作为 chooseStep 的返回值类型。

7.5　内嵌函数

前文中我们定义的函数都是全局函数，它们被定义在全局作用域中，而内嵌函数是被定义在某个函数体内部的函数。内嵌函数对外界是隐藏的，只能在被嵌入的函数内有效，即在其封闭函数内有效，其封闭函数也可以返回内嵌函数，以便于在程序的其他作用域内使用内嵌函数。下面我们通过一个计算学生平均分的场景来学习内嵌函数，示例代码如下。

```
1 |  func sum(a num1:Float, b num2:Float, c num3:Float) -> Float{
2 |      let sum = num1 + num2 + num3
3 |      return sum
4 |      }
5 |  func avg(a1 score1:Float,b1 score2:Float, c1 score3:Float,d1 count:Float) -> Float {
6 |      return sum(a: score1, b: score2, c: score3)/count
7 |  }
8 |  let  value = avg(a1: 78, b1: 86, c1: 90, d1: 3)
9 |  print("平均成绩为: \(value)")
```

输出结果：

平均成绩为: 84.6667

在上述代码中，第 1 行代码定义了求和函数 sum，该函数有 3 个 Float 类型的参数，分别为 num1、num2 和 num3，标签分别为 a、b 和 c，并返回一个 Float 类型的数据，在 sum 函数中实现将传入的 3 个参数相加。第 5 行代码定义了一个求平均数的函数 avg，该函数有 4 个参数，分别为 score1、score2、score3 和 count，标签分别为 a1、b1、c1 和 d1，返回一个 Float 类型的数据。在 avg 函数体中内嵌了 sum 函数，将传入的前 3 个参数相加，并求出这 3 个参数的平均值。第 8 行代码将 avg 函数传入参数值，赋值给常量 value。

默认情况下，内嵌函数的作用域在外函数体内，我们可以定义外函数的返回值类型为内嵌函数类型，从而将内嵌函数传递给外函数的其他调用者使用。

7.6 泛型和泛型函数

泛型（generic）可以让我们在运行的程序代码中指定一些可变的部分。使用泛型可以最大限度地重用代码、保护类型的安全，从而提高程序的性能。在 Swift 集合类中，已经采用了泛型。

7.6.1 泛型要解决的问题

在函数参数部分，我们学习了使用 inout 关键字的 swap 函数交换两个 Int 类型的值，示例代码如下。

```
1 |  func swapInt( _  a: inout Int, _  b: inout Int){
2 |      let temp = a
3 |      a = b
4 |      b = temp
5 |      print("value1 = \(a),value1 = \(b)")
6 |  }
7 |  var value1 = 10
8 |  var value2 = 20
9 |  swapInt(&value1, &value2)
```

如果我们想交换两个 Double 类型值，可以将上面定义的函数修改如下。

```
1 |  func swapDouble ( _  a: inout Double, _  b: inout Double){
2 |      let temp = a
3 |      a = b
4 |      b = temp
5 |      print("value1 = \(a),value1 = \(b)")
6 |  }
```

如果要拼接两个 String 类型的字符串，可定义函数如下。

```
1 |  func swapString ( _  a: inout String , _  b: inout String){
2 |      let temp = a
3 |      a = b
4 |      b = temp
5 |      print("value1 = \(a),value1 = \(b)")
6 |  }
```

你可能注意到 swapInt、swapDouble 和 swapString 这 3 个函数都能实现将参数交换的功能，但不同之处在于传入的变量类型不同，分别是 Int、Double、String。在实际应用中，我们通常需要一个用处更强大，并且尽可能考虑到更多灵活性的单个函数，用来交换两个任何类型值，此时可以利用泛型帮我们解决这种问题。

7.6.2 泛型函数

泛型函数可以用于任何类型，下面我们将上述代码加工为泛型函数，修改后的代码如下。

```
1 |  func swapValues<T>(_ a: inout T, _ b: inout T) {
2 |      let temp = a
3 |      a = b
4 |      b = temp
5 |      }
```

在上述代码中，第 1 行代码定义了 swapValues 函数，它和上一节中的 swapInt 函数主体一样，只在第 1 行与 swapInt 函数有些许不同。在函数名 swapValues 后面加<T>，表示将参数的类型声明为 T，T 为占位符，在每次调用函数时传入的实际类型才能决定 T 所代表的类型。参数 a 和 b 被指定为 T 类型，即任意类型。但这里要求参数 a 和 b 必须是同一类型，示例代码如下。

```
1 |      var someDouble = 32.78
2 |      var anotherDouble = 120.56
3 |      swapValues(&someDouble , &anotherDouble )
4 |      var someString = "Swift"
5 |      var anotherString = "iOS"
6 |      swapValues(&someString, &anotherString)
```

在上述代码中，第 1~2 行代码定义了两个浮点型数据，第 3 行代码通过 swapValues 函数将这两个浮点型数据进行交换，同理，第 6 行代码通过 swapValues 函数将这两个字符串数据进行交换。

占位符除了可以替代参数类型，还可以替代返回值类型。如果有多个不同的类型，可以使用其他大写字母。一般情况下，我们习惯使用字母 U，你也可以选择使用其他的字母，多个占位符用逗号分隔。这里我们实现将两种不同类型的参数的拼接，示例代码如下。

```
func addValues<T, U>(a: T, b: U)-> T {...}
```

7.7　闭包的概念

闭包是功能性自包含模块，可以在代码中被传递和使用。在学习闭包之前，我们先回顾 7.5 节中介绍的内嵌函数，这里定义了 3 个函数，用来求两个 Int 类型的数据的平方和立方，示例代码如下。

```
1 |  func multiplyValues(type:String)->(Int)->Int
2 |  {
3 |      func square(val:Int)->Int{
4 |      return val*val
5 |      }
6 |     func cube(val:Int)->Int{
7 |      return val*val*val
8 |      }
9 |      var result : (Int)->Int
10 |     if type == "square" {
11 |     result = square
12 |     }else if type == "cube"{
13 |         result =  cube
14 |         }else{
15 |         result = cube
```

```
16 |        }
17 |         return result
18 |         }
19 |      var mathSquare = multiplyValues(type:"square ")
20 |      print(mathSquare (5))
21 |      var  mathCube = multiplyValues(type: "cube")
22 |      print(mathCube(5))
23 |      var other  = multiplyValues(type: "")
24 |      print(other(5))
```

输出结果：

```
125
25
125
```

在上述代码中，第 1 行代码定义了 multiplyValues 函数，根据传入参数 type 的值，来判断是进行平方运算，还是立方运算，返回值是函数类型（Int）->Int。第 3 行代码在 multiplyValue 函数体内定义了内嵌函数 square，对参数 val 进行平方运算。第 6 行代码定义了内嵌函数 cube，对参数 val 进行立方运算。第 9 行代码定义了变量 result，类型为（Int）-> Int。

第 10～18 行代码通过 if 语句判断 type 的值，从而判断是进行平方运算，还是立方运算。如果 type 的值为 square，将 square 赋值给函数类型的变量 result，表示调用 square 函数。如果 type 的值为 cube，将 cube 赋给函数类型的变量 result，表示调用 cube 函数。如果 type 为其他值，将 cube 赋值给函数类型的变量 result，表示调用 cube 函数。

第 19 行代码调用 multiplyValues 函数传入参数 square 表示进行平方运算，并赋值给 mathSquare 变量。第 20 行代码中的 mathSquare (5)表示获取 5 的平方。第 21 行代码调用了 multiplyValues 函数传入参数 cube 表示进行立方运算，并赋值给 mathCube 变量。第 22 行代码中的 mathCube (5)表示获取 5 的立方。第 25 行代码没有为 type 传入任何值，此时调用 cube 函数进行立方运算。

在 Swift 中，可以通过以下代码替换上一例子中的内嵌函数的代码。

```
 1 |  func multiplyValue (type:String)->(Int)->Int
 2 |  {
 3 |     var result : (Int)->Int
 4 |     if type == "square"{
 5 |         result =  {(val:Int)->Int in
 6 |             return val*val
 7 |         }
 8 |     } else if type == "cube"{
 9 |         result =  {(val:Int)->Int in
10 |             return val*val*val
11 |         }
12 |     }else{
13 |         result =  {(val:Int)->Int in
14 |             return val*val*val
15 |         }
16 |     }
17 |         return result
18 |         }
19 |         let mathCube = multiplyValue(type:"cube")
```

```
20 |          print(mathCube(5))
21 |          let mathSquare = multiplyValue(type:"square")
22 |          print(mathSquare(5))
23 |          let other  = multiplyValue(type: "")
24 |          print(other(5))
```

内嵌函数 square 和 cube 可以被以下表达式替换。

```
1 |  result =  {(val:Int)->Int in
2 |      return val*val
3 |  }
4 |  result =  {(val:Int)->Int in
5 |      return val*val*val
6 |  }
```

上述即为 Swift 中的闭包表达式。

通过以上示例的演变，我们可以给 Swift 中的闭包做一个总结：闭包是自包含的匿名函数代码块，可以作为表达式、函数参数和函数返回值，闭包表达式的运算结果是一种函数类型。

实际上，函数也可以算是闭包处理，具体如下：

（1）全局函数是一个有名称、但不会捕捉任何值的闭包。

（2）内嵌函数是一个有名字、可以捕获封闭函数体的值的闭包。

（3）闭包表达式是一个简单的、可以捕获封闭函数体的值的匿名闭包。

7.8　闭包表达式

Swfit 中的闭包表达式很灵活，其标准语法格式如下。

```
{ (形参列表) ->返回值类型 in
核心代码
}
```

其中，形参列表与函数中的参数列表形式一致，返回值类型类似于函数中的返回值类型，不同的是后面有 in 关键字。

闭包的本质是更加灵活的代码块，因此，完全可以将闭包的值赋给变量，或直接调用闭包。这里我们以引入闭包概念的例子中将内嵌函数 square 转化为闭包为例，向大家详细介绍闭包，示例代码如下。

```
result =  {(val:Int)->Int in
        return val*val*val
    }
```

在该闭包表达式{（val:Int）->Int inreturn val*val*val }中，闭包的参数为 val，类型为 Int。闭包的返回值为 Int，在返回值的后面有关键字 in，闭包的返回值为 return val*val*val。上述闭包表达式是 Swift 语言中闭包的标准表达式。Swift 提供了闭包的多种简化写法，下面我们将具体介绍。

7.8.1　类型推断简化

类型推断是 Swift 的优势，Swift 可以根据上下文环境推断出参数类型和返回值类型。闭包的标准形式代码如下。

```
{(val:Int)->Int in
   return val*val*val
}
```

Swift 能够根据参数 val 的值推断出参数 val 和返回值都是 Int 类型，简化形式代码如下。

```
{val in return val*val*val }
```

使用这种简化方式修改后的示例代码如下。

```
 1 |  func multiplyValue (type:String)->(Int)->Int
 2 |  {
 3 |      var result : (Int)->Int
 4 |      if type == "square"{
 5 |          result =  { val in
 6 |              return val*val
 7 |          }
 8 |      } else if type == "cube"{
 9 |          result =  { val in
10 |              return val*val*val
11 |          }
12 |      }else{
13 |          result =  {val in
14 |              return val*val*val
15 |          }
16 |      }
17 |      return result
18 |      }
19 |      let mathCube = multiplyValue(type:"cube")
20 |      print(mathCube(5))
21 |      let mathSquare = multiplyValue(type:"square")
22 |      print(mathSquare(5))
23 |      let other  = multiplyValue(type: "")
24 |      print(other(5))
```

在上述代码中，闭包表达式根据 Swift 的类型推断省略了形参类型的简化写法。类型推断是根据参数的值来进行推断的，只有参数被赋值后，才能在闭包中使用类型推断简化。

7.8.2　省略 return 关键字

闭包内部语句组中只有一条返回语句，例如 return val*val*val，关键字 return 可以省略，省略后的形式如下。

```
{ val in val*val*val}
```

使用这种简化方式修改后的示例代码如下。

```
 1 |  func multiplyValue (type:String)->(Int)->Int
 2 |  {
 3 |      var result : (Int)->Int
 4 |      if type == "square"{
 5 |          result =  { val in
 6 |          val*val
 7 |          }
```

```
 8 |        } else if type == "cube"{
 9 |             result =  { val in
10 |               val*val*val
11 |             }
12 |        }else{
13 |             result =  {val in
14 |               val*val*val
15 |             }
16 |        }
17 |             return result
18 |             }
19 |             let mathCube = multiplyValue(type:"cube")
20 |             print(mathCube(5))
21 |             let mathSquare = multiplyValue(type:"square")
22 |             print(mathSquare(5))
23 |             let other  = multiplyValue(type: "")
24 |             print(other(5))
```

在上述代码中，闭包 return 关键字被省略了。要注意的是，省略的前提是闭包中只有一条 return 语句，对于有多条返回语句是不允许省略的。

7.8.3　使用位置参数简化闭包书写

上一节介绍的闭包表达式已经很简洁了，但 Swift 的闭包还可以再进行简化。Swift 提供了参数缩写功能，我们可以用\$0、\$1、\$2 等来表示调用闭包中参数，\$0 指代第 1 个参数，\$1 指代第 2 个参数，\$2 指代第 3 个参数，以此类推，\$（n−1）指代第 n 个参数。

我们可以使用位置参数名称将闭包表达式简化，并在闭包参数列表中省略对闭包表达式的定义，位置参数名称的类型通过相应的函数类型来判断。关键字 in 可以被省略，此时的闭包表达式完全由闭包函数体构成，形式如下。

```
{$0 * $0 * $0}
```

使用参数名称简化修改后的示例代码如下。

```
 1 |  func multiplyValue (type:String)->(Int)->Int
 2 |  {
 3 |      var result : (Int)->Int
 4 |      if type == "square"{
 5 |          result =  {
 6 |        $0 * $0
 7 |          }
 8 |      } else if type == "cube"{
 9 |          result =  { $0 * $0 * $0
10 |          }
11 |      }else{
12 |          result =  {
13 |              $0 * $0 * $0
14 |          }
15 |      }
16 |          return result
17 |          }
18 |          let mathCube = multiplyValue(type:"cube")
19 |          print(mathCube(5))
```

```
20 |         let mathSquare = multiplyValue(type:"square")
21 |         print(mathSquare(5))
22 |         let other  = multiplyValue(type: "")
23 |         print(other(5))
```

在上述代码中，闭包采用了位置参数名称进行简化。

7.8.4　使用闭包返回值

闭包表达式本质上是有返回值的函数类型，我们可以直接在表达式中使用闭包的返回值修改 cube 闭包，示例代码如下。

```
1 |  let result =  {(val:Int)->Int in
2 |     return val*val*val
3 |  }(5)
4 |  print("result = \(result)")
```

输出结果：

```
125
```

在上述代码中，第 1 行代码的作用是给 result 赋值，后面是一个闭包表达式，但闭包表达式不能直接赋值给 result，因为 result 是 Int 类型，需要闭包的返回值。这就需要在闭包结尾的大括号后面接一对小括号(5)，通过小括号(5)为闭包传递参数，这里我们传入参数 5。

7.9　尾随闭包

闭包表达式可以作为函数的参数，如果闭包表达式很长，会影响程序的可读性，此时，我们可以使用尾随闭包来增强函数的可读性。尾随闭包是一个书写在函数括号之后的闭包表达式，函数支持其作为最后一个参数调用，标准形式如下。

```
1 |  func mathTakeClosure(closure: () -> ()) {
2 |     // 函数体部分
3 |  }
4 |  mathTakeClosure(closure: {
5 |     // 闭包主体部分
6 |  })
7 |  mathTakeClosure() {
8 |     // 闭包主体部分
9 |  }
```

在上述代码中，第 1～3 行代码定义 mathTakeClosure 函数，第 4～6 行代码不使用尾随闭包进行函数调用，第 7～9 行代码使用尾随闭包进行函数调用。

下面通过例子来学习如何使用尾随闭包，示例代码如下。

```
1 |  func multiplyValue(type:String,caculate:(Int)->Int)
2 |  {
3 |     if type == "square"{
4 |         print("square =\(caculate(5))")
5 |     } else if type == "cube" {
```

```
 6 |          print("cube =\(caculate(5))")
 7 |      }else{
 8 |          print("cube =\(caculate(5))")
 9 |      }
10 |  }
11 |  multiplyValue(type: "cube") { (val) -> Int in
12 |      return val * val *  val
13 |  }
```

在上述代码中，第 1 行代码定义了一个 multiplyValue 函数，包含两个参数，一个是 String 类型的 type，另一个是 calculate，类型为（Int）->Int，calculate 可以接受闭包表达式。第 11 行代码中的闭包表达式{ (val) -> Int in   return val * val *   val   }是要传递的参数，由于该参数比较长，所以我们将闭包表达式移到()之外，这种形式就是尾随闭包。

需要注意的是，闭包必须是参数列表的最后一个参数，函数采用如下形式定义。

```
func multiplyValue (caculate:(Int)->Int, type:String){ ......}
```

如果闭包表达式不在最后，那么是不能使用尾随闭包写法的。

7.10 捕获上下文的常量和变量

闭包可以在其定义的上下文中捕获常量或变量,即使定义这些常量和变量的原作用域已经不存在，闭包仍然可以在闭包函数体内引用和修改这些值。下面看一个示例：

```
 1 |  func makeSum(forSum amount: Int) -> () -> Int {
 2 |      var total = 0
 3 |      func sum() -> Int {
 4 |          total += amount
 5 |          return total
 6 |      }
 7 |      return sum
 8 |      }
 9 |      let sumByTen = makeSum(forSum: 10)
10 |      print(sumByTen())
11 |      print(sumByTen())
12 |      print(sumByTen())
```

输出结果：

```
10
20
30
```

在上述代码中，第 1 行代码定义了一个 makeSum 函数，参数 amount 为 Int 类型，函数的返回值类型为 ()-> Int。这意味着它返回的是一个函数，而不是一个简单类型值。第 2 行代码定义了一个变量 total，初始化值为 0。第 3 行代码定义了一个 sum 函数，用来执行实际的增加操作，该函数简单地使 total 增加 amount，并将其返回。内嵌函数 sum 从上下文中捕获了两个值，分别为 total 和 amount，之后 makeSum 将 sum 作为闭包返回。每次调用 sum 时，都会以 amount 作为增量来增加 total 的值。

第 9 行代码定义了一个叫作 sumByTen 的常量，该常量指向每次调用会加 10 的 makeSum。函数在第 1 次调用 sumByTen 时，返回的值为 10；第 2 次调用 sumByTen 时，返回的值为 20；第 3 次调用 sumByTen 时，返回的值为 30。

7.11 逃逸闭包

一个传入函数的闭包如果在函数执行结束之后才会被调用，那么这个闭包就叫作逃逸闭包。如果一个函数的参数有一个逃逸闭包，可以在参数前加@escaping 关键字来修饰，用来指明这个闭包是允许"逃逸"出这个函数的。

一种能使闭包"逃逸"出函数的方法是这个闭包需要存储在函数外部。举个例子，很多启动异步操作的函数接受一个闭包参数作为 completion handler。这类函数会在异步操作开始之后立刻返回，但是闭包直到异步操作结束后才会被调用。在这种情况下，闭包需要"逃逸"出函数，因为闭包需要在函数返回之后被调用。示例代码如下。

```
1 |  var completionHandlers: [() -> Void] = []
2 |   func someFunctionWithEscapingClosure(completionHandler:@escaping () -> Void) {
3 |  completionHandlers.append(completionHandler)
4 |  }
```

someFunctionWithEscapingClosure 以一个 completionHandler 作为参数，这个参数会被保存在函数外部的 completionHandlers 数组中，这时这个闭包是一个逃逸闭包，所以需要添加@escaping 关键字去修饰，否则会有编译错误。

逃逸闭包如果需要使用对象的变量或常量时，必须显示指明 self。如果是普通的闭包，可以直接使用对象的变量或常量。示例代码如下。

```
1 |  var completionHandlers: [() -> Void] = []
2 |   func someFunctionWithEscapingClosure
  (completionHandler: @escaping () -> Void) {
3 |  completionHandlers.append(completionHandler)
4 |  }
5 |  func someFunctionWithNonescapingClosure(closure: () -> Void) {
6 |    closure()
7 |  }
8 |  class SomeClass {
9 |   var x = 10
10 |  func doSomething() {
11 |  someFunctionWithEscapingClosure { self.x = 100 }
12 |  someFunctionWithNonescapingClosure { x = 200 }
13 |   }
14 |  }
15 |  let instance = SomeClass()
16 |   instance.doSomething()
17 |  print("x1=\(instance.x) ")
18 |  completionHandlers.first?()
19 |   print("x2=\(instance.x) ")
```

输出结果：

```
x1=200
```

```
x2=100
```

第一个 print 输出 200，因为在调用 doSomethig 时，someFunctionWithNonescapingClosure 会直接调用闭包{x = 200}，此时 instance.x 变成 200，在 completionHandlers.first?( )之后，someFunction WithEscapingClosure 传入的闭包才会真正执行，此时 instance.x 变成 100。可以看到，逃逸闭包必须显示指明 self，而普通的闭包可以直接使用 x。

7.12 自动闭包

自动闭包是一种自动创建的闭包，用于包装传递给函数作为参数的表达式。这种闭包不接受任何参数，当它被调用时，会返回被包装在其中的表达式的值。这种便利语法能够省略闭包的花括号，用一个普通的表达式来代替显式的闭包。自动闭包自动将表达式封装成闭包。自动闭包有以下特性：

（1）自动闭包不接收任何参数，被调用时会返回被包装在其中的表达式的值。

（2）当闭包作为函数参数时，可以将参数标记为@autoclosure 来接收自动闭包。

（3）自动闭包能够延迟求值，因为直到你调用这个闭包代码段才会被执行。

（4）自动闭包默认是非逃逸的，如果要使用逃逸的闭包，需要手动声明@autoclosure @escaping 旧版本：@autoclosure（escaping）。

下面通过一段代码来学习自动闭包。

```
1 |  var students = ["A","B","C"]
2 |  let studentsProvider = { students.remove(at: 0) }
3 |  studentsProvider()
4 |  print(students);
5 |  var list = [1,2,3,4,5,6]
6 |  let closures = {
7 |  list.append(7)
8 |  }
9 |  print(list)   //将打印[1,2,3,4,5,6]
10 |  closures()
11 |  print(list)   //引用传递，将打印[1,2,3,4,5,6,7]
12 |  func func1(closure: ()->Void) -> Void {
13 |  closures()//执行显示闭包
14 |  }
15 |  func func2(auto: @autoclosure ()->Void) -> Void {
16 |  auto()//执行自动闭包
17 |  }
18 |  func1(closure: closures)
19 |  print(list)   //将打印[1,2,3,4,5,6,7,7]
20 |  func2(auto: list.append(8)) //将表达式自动生成闭包
21 |  print(list)   //将打印[1,2,3,4,5,6,7,7,8]
```

输出结果：

```
["B", "C"]
[1, 2, 3, 4, 5, 6]
[1, 2, 3, 4, 5, 6, 7]
```

```
[1, 2, 3, 4, 5, 6, 7, 7]
[1, 2, 3, 4, 5, 6, 7, 7, 8]
```

在上述代码中，第 2 行代码自动闭包自动将表达式封装成闭包，移除 students 数组中下标为 0 的元素，第 3 行代码调用 studentsProvider 闭包。第 4 行代码打印的数组结果为["B","C"]。第 6 行代码创建显示闭包 closures，实现在 list 数组中追加 7，第 9 行代码打印出数组 list 的值仍然是[1,2,3,4,5,6]。在第 10 行代码中调用闭包 closures，在第 11 行代码中打印数组 list 的值则为[1,2,3,4,5,6,7]。通过二者的对比可以看出，闭包是引用传递。第 12 行代码定义了 func1 函数，该函数的参数是一个显示闭包，在函数体中执行显示闭包。第 15 行代码定义了 func2 函数，该函数的参数一个自动闭包，在函数体汇总执行自动闭包。在调用 func1 后，list 数组的值变为[1,2,3,4,5,6,7,7]，然后再调用 func2，此时 list 数组的值为[1,2,3,4,5,6,7,7,8]。

7.13 本章小结

通过学习本章内容，我们可以了解到 Swift 语言的函数和闭包，包括如何使用函数、如何进行参数传递、函数返回值、函数类型、函数重载和嵌套函数等内容，以及闭包的概念、闭包表达式、尾随闭包和捕获值等内容。

7.14 思考练习

1．编写一个函数，按首字母对一组无序的字符串进行排序。
2．写一个判断素数的函数，判断一个数是否为素数。
3．写一个函数，连接两个字符串。

第二部分

面向对象篇

第 8 章 枚举

8.1 Swift 的面向对象

Swift 语言中支持面向对象的编程，Swift 对象分为准类对象和类对象，准类对象包含枚举和结构体，准类对象和类对象的区别在于准类对象不能够继承。面向对象编程（Object Oriented Programming，OOP，面向对象程序设计）是一种计算机编程范式，它将对象作为基本元素，利用对象和对象之间的相互作用来设计程序。面向对象程序设计中的类有三大特性：继承、封装和多态。

1. 封装

封装是将某个面向对象类型内部的一些字段进行保护，使之不被外界访问到。封装具有权限的控制功能，只保留有限的对外接口使字段与外部发生联系。

2. 继承

继承指可以让某个类型的对象获得另一个类型对象的属性的方法，它支持按级分类的概念。继承可以使用现有类的所有功能，并在无需重新编写原来的类的情况下对这些功能进行扩展。通过继承创建的新类被称为"子类"或"派生类"，被继承的类称为"基类""父类"或"超类"。

3. 多态

多态是指一个在不同情形下有不同表现形式的类实例的相同方法。多态机制使具有不同内部结构的对象可以共享相同的外部接口。这意味着，虽然针对不同对象的具体操作不同，但通过一个公共的类，这些具体操作可以通过相同的方式被调用。实现多态有两种方式，分别为重写和重载。重写是指子类重新定义父类的虚函数。重载是指允许存在多个同名函数，而这些函数的参数表不同（可能是参数个数不同，或参数类型不同，或两者都不同）。

在 Swift 语言中，枚举具有面向对象特性，而在其他语言中，结构体和枚举完全没有面向对象特性。

8.2 枚举类型

在 Swift 中，枚举的作用已经不仅仅是定义一组常量或提高程序的可读性了，它还具有面向对象特性。

8.2.1 枚举定义

Swift 中使用 enum 关键词声明枚举类型，具体定义枚举的语法格式如下。

```
enum 枚举名 {
枚举的定义
}
```

"枚举名"是该枚举类型的名称，首先，它应该是有效的标识符，其次，它应该遵守面向对象的规范。"枚举名"应该是一个名称，如果采用英文单词命名，首字母应该大写，并且尽量用一个英文单词。"枚举的定义"是枚举的核心，它由一组成员值和一组相关值组成。

下面我们来定义一个学生成绩的枚举，示例代码如下。

```
1 |  enum StudentScore{
2 |  case math
3 |  case chinese
4 |  case english
5 |  }
```

在上述代码中，我们定义了一个名为 StudentScore 的枚举，它的成员值为 math、chinese 和 english。

8.2.2 枚举的方法

方法具有面向对象的特点，在 Swift 语言中，枚举具有面向对象的特性。枚举的方法分为实例方法和静态方法。我们首先来看枚举中的实例方法。

1. 实例方法

实例指枚举、结构体、类。实例方法就是通过实例化这些类型创建实例，使用实例调用的方法。

我们仍以 StudentScore 这个枚举类型数据，通过以下示例来学习枚举的实例方法。

```
 1 |  enum StudentScore{
 2 |  case math
 3 |  case chinese
 4 |  case english
 5 |      func sum(num1:Int,num2:Int) -> Int {
 6 |          return num1 + num2
 7 |      }
 8 |  }
 9 |  var student = StudentScore.math
10 |  print(student.sum(num1: 10, num2: 20))
```

输出结果：

30

在上述代码中，第 5 行代码定义了 sum 方法，实现两个 Int 类型的数据相加。第 9 行代码通过 StudentScore.math 实例化 StudentScore 枚举类型 student。最后一行代码调用实例方法，并打印结果。

枚举虽然可以定义实例方法，但在默认情况下，该方法是不能够修改属性的，我们通过以下例子来说明。

```
1 |  enum StudentScore{
2 |  case math
3 |  case chinese
4 |  case english
5 |     func exchangeScore() -> String {
6 |         switch self {
7 |         case .math:
8 |             self = chinese
9 |             return "chinese replace math"
10 |        case .chinese:
11 |            self = english
12 |            return "english replace chinese "
13 |        default:
14 |            self = math
15 |            return " math replace english"
16 |        }
17 |     }
18 | }
19 | var student = StudentScore.math
20 | print(student.exchangeScore())
```

输出结果：

chinese replace math

在上述代码中，第 5 行代码定义了 exchangeScore 实例方法，用来交换 StudentScore 枚举类型的值，但在第 8、11 和 14 行代码报错。错误提示均为：

Cannot assign to value: 'self' is immutable

该提示表明 StudentScore 属性是不可以修改的。如果需要修改，就要将方法声明为可变的，需要在方法名前加关键字 mutating，也就是将方法改为：

mutating func exchangeScore() -> String

在枚举的实例方法前添加关键字 mutating，就可以将方法声明为可变方法。可变方法可以修改变量属性，但不可以修改常量属性。接下来我们学习枚举中的静态方法。

2. 静态方法

与静态属性类似，Swift 中还定义了静态方法，因为是定义类型本身调用的方法，所以也叫做类型方法。所谓"类型"是指枚举、结构体和类。静态方法定义的方法与静态属性类似，同样使用 static。

```
1 |   enum StudentScore{
2 |   case math
3 |   case chinese
4 |   case english
5 |     static func sum(num1:Int,num2:Int) -> Int {
6 |         return num1 + num2
7 |     }
8 |   }
9 |   print(StudentScore.sum(num1: 10, num2: 20))
```

在上述代码中，第 5 行代码定义了静态方法 sum，实现将两个参数相加。第 9 行代码直接使用枚举类型 StudentScore 调用 sum 方法。

8.3 值枚举

在定义枚举类型时，会定义一组成员。在 Swift 中，默认情况下，枚举的成员值不是整数类型。这些枚举成员可以有不同类型的值，包括成员值、原始值和哈希值，我们称之为值枚举。

8.3.1 成员值

首先我们来声明一个关于学生信息的枚举，示例代码如下。

```
1 |   enum Students {
2 |   case name
3 |   case age
4 |   case id
5 |   }
```

在上述代码中，我们声明了 Students 枚举，表示每个学生的信息，并定义了 3 个成员值：name、age 和 id，这些成员值并不是整数类型。

多个成员还可以用一行来定义，在这些成员值前面加上 case 关键字，成员之间用逗号隔开，如下所示。

```
1 |   enum  Students {
2 |   case name, age, id
3 |   }
```

我们可以通过"枚举类型名.成员值"的形式访问枚举的成员值，示例代码如下。

```
1 |   var  name = Students.name
```

也可以省略枚举类型，采用".成员值"的形式访问枚举的成员值，示例代码如下。

```
1 |   name = .age
```

下面我们通过 Switch 语句匹配 Student 枚举中的成员值，示例代码如下。

```
1 |   enum  Students {
2 |   case name,age,id
3 |   }
```

```
 4 |    let  info  = Students.name
 5 |    func studentInfo(info:Students)  {
 6 |        switch info {
 7 |        case Students.name:
 8 |            print("name")
 9 |        case .age:
10 |            print("age")
11 |        default:
12 |            print("id")
13 |        }
14 |    }
15 |    studentInfo(info:info)
```

在上述代码中，第 1～3 行代码定义了 Students 枚举。第 4 行代码利用 Students.name 创建了 Students 枚举的实例 info。第 5 行代码定义了 studentInfo 方法，使用 swich 语句来判断 info 的值。

要注意的是，在 switch 中使用枚举类型时，switch 语句中的 case 要包含枚举中所有的成员值，不能多也不能少，包括在使用 default 的情况下，default 也表示某个枚举成员。在上面的示例中，default 表示成员值 id。其中，第 7 行代码使用 Students.name 表示访问枚举类型的成员值 name，第 9 行代码使用.age 表示访问枚举的成员值 name。最后一行代码调用函数 studentInfo，传递的参数是 Student 的成员值。

8.3.2　原始值

当我们需要为每个成员提供某个具体类型的默认值时，可以为枚举类型提供原始值（rawValues）声明，这些原始值类型可以是字符、字符串、整型和浮点型等。

原始值枚举的语法格式如下。

```
enum 枚举名 : 数据类型 {
case 成员名 = 默认值
...... }
```

在"枚举名"后面跟"："和"数据类型"即可声明原始值枚举的类型，在定义 case 成员时要提供默认值，声明枚举示例代码如下。

```
1 |   enum Students:Int {
2 |   case name = 0
3 |   case age = 1
4 |   case id = 2
5 |   }
```

我们声明的 Students 枚举类型的原始值类型是 Int，给每个成员赋值都要是 Int 类型，但是每个分支不能重复。我们还可以采用如下简便写法，只需要给第一个成员赋值即可，后面的成员值会自动加 1，示例代码如下。

```
1 |   enum  Students:Int {
2 |   case name = 0,age,id
3 |   }
```

这里我们将 name 的原始值设置为 0，那么 age 默认的原始值为 1，id 默认的原始值为 2。

我们也可以通过枚举成员的 rawValue 方法来获取它的原始值，示例代码如下。

```
1 |   let name  = Students.name.rawValue
2 |   let age = Students.age.rawValue
3 |   let id = Students.id.rawValue
4 |   print(name,age,id)
```

输出结果：

```
0, 1, 2
```

下面我们仍以 Students 这个枚举为例来学习如何使用原始值，示例代码如下。

```
1 |   enum  Students:Int {
2 |   case name = 0,age,id
3 |   }
4 |   let num = 2
5 |   if  let studentInfo = Students(rawValue: num){
6 |       switch studentInfo{
7 |       case .name:
8 |           print("name")
9 |       case .age:
10 |          print("age")
11 |      default:
12 |          print("id")
13 |      }
14 |  }else{
15 |      print("no studentInfo")
16 |  }
```

输出结果：

```
id
```

在上述代码中，第 4 行代码定义了一个常量 num 并赋值为 2，第 5 行代码通过枚举类型的 rawValue 方法将 num 对应的原始值 2 转化为对应成员值，之后的代码通过 switch 语句判断 2 对应的是哪个成员值，最后输出结果 id，也就是原始值 2 对应的成员值为 id。

8.3.3 哈希值

当我们想要明确知道枚举类型中成员值的位置时，可以利用枚举中的哈希值。下面我们仍以 Students 这个枚举为例，来学习哈希值，示例代码如下。

```
1 |   enum  Students:Int {
2 |   case name,age,id,sex,phone
3 |   }
4 |   let age  = Student.age.hashValue
5 |   print(age)
```

输出结果：

```
1
```

在上述代码中，第 1 行代码定义了 Students 枚举类型，第 4 行代码通过 Student.age.hashValue

语句获得枚举中成员值 age 的位置，第 5 行代码输出结果 1，表明 age 在 Students 枚举中的第 2 个位置，其中哈希值是从 0 开始的。

8.4　类型枚举

在 Swift 中，除了值枚举，还有类型枚举。类型枚举指枚举成员的类型是元组类型。日常生活中，我们会经常扫描二维码和条形码，定义一个 ScanCode 的枚举，有两个成员值 BarCode 和 QRCode，分别表示条形码和二维码。BarCode 关联了一个包含 3 个整型数值的元组，QRCode 关联了一个字符串，示例代码如下。

```
1 |  enum ScanCode {
2 |  case BarCode (Int, Int, Int)
3 |  case QRCode (String)
4 |  }
```

下面我们通过一个实际的例子来学习类型枚举，示例代码如下。

```
1  |  enum ScanCode {
2  |  case BarCode (Int, Int, Int)
3  |  case QRCode (String)
4  |  }
5  |  var productCode = ScanCode.BarCode(9, 7, 8)
6  |  productCode = ScanCode.QRCode("789")
7  |  switch productCode {
8  |  case .BarCode(let numberSystem, let identifier, let check):
9  |      print("BarCode with value of \(numberSystem), \(identifier), \(check).")
10 |  case .QRCode(let productCode):
11 |      print("QRCode with value of \(productCode).") }
```

输出结果：

```
QR code with value of 789.
QRCode with value of 789.
```

在上述代码中，第 1～4 行代码定义了一个枚举 ScanCode，第 5 行代码定义了 productCode 变量来表示生成一个新的条形码，第 6 行代码表示同样的产品还可以被赋值为一个二维码码类型。

第 7 行代码用 switch 语句检查这两个不同类型的枚举值。switch 语句可以获取到它们相关联的值，也可以把关联的值当作不可变变量（以 let 来开头）或可变变量（以 var 开头）在 switch 的控制体中使用。第 8 行代码关联了枚举值 BarCode 的 numberSystem、identifier 和 check 这 3 个值，因为第 2 行代码中枚举成员值 BarCode 是一个包含 3 个整型变量的元组。第 10 行代码关联了枚举值 QRCode 的 productCode 值。

如果一个枚举成员关联的所有值都被当作不可变变量或可变变量来使用，我们可以在成员名称之前只放一个 let 或 var 来达到此目的，示例代码如下。

```
1 |  switch productCode{
2 |  case let .BarCode(numberSystem,identifier,check):
3 |      print("BarCode with value of \(numberSystem), \(identifier), \(check).")
```

```
4 |   case let .QRCode (productCode):
5 |       print("QRCode with value of \(productCode).") }
```

输出结果：

```
QRCode with value of 789.
```

8.5 本章小结

通过学习本章内容，我们了解了现代计算机语言中面向对象的基本特性以及 Swift 语言中面向对象的基本特性，同时了解了枚举的定义，掌握了枚举方法中的实例方法和静态方法，以及哈希值和类型枚举。

8.6 思考练习

定义一个枚举类型，存放一个公司的信息，包括公司名、公司地址、公司编号和公司人数。

第 9 章　结构体

Swift 的结构体是构建代码所用的一种通用且灵活的构造体。结构体不仅可以定义成员变量（属性），还可以定义成员方法。因此，我们可以把结构体看作一种轻量级的类。

9.1　结构体的定义

在 Swift 中，我们使用 struct 关键词定义结构体，语法格式如下。

```
struct 结构体名 {
定义结构体的成员
}
```

从语法格式上看，Swift 中的结构体允许我们创建一个单一文件，且系统会自动生成面向其他代码的外部接口。结构体名的命名规范与枚举类型的要求相同。假设要访问包含一个学生 3 门科目的成绩并计算出成绩总和，我们定义一个名为 StudentScores 结构体，成员的数据类型为 Int，示例代码如下。

```
1 |   struct StudentScores {
2 |       var math: Int = 0
3 |       var chinese: Int = 0
4 |       var english: Int = 0
5 |   }
```

在上述代码中，第 1 行代码通过关键字 struct 定义了一个名为 StudentScores 的结构体，用来描述一个学生的数学、语文和英语成绩。这个结构体包含 math、chinese、english 3 个成员变量，数据类型为 Int，并且分别赋初值为 0。

通过下列语句对结构体 StudentScores 进行实例化。

```
var score = StudentScores ()
```

StudentScores()用于调用它们的默认构造器，实现实例化。构造器最简单的形式是在结构体类型名称后跟随一个空括号，我们会在 9.6 节中详细讲解构造器。

9.2　结构体属性

结构体属性将值跟特定的类、结构或枚举关联，包含实例属性和计算属性。实例属性用于存储常量或变量作为实例的一部分，计算属性是计算一个值。

9.2.1　实例属性

实例属性可以存储数据，分为常量属性（用 let 定义）和变量属性（用 var 定义），实例属性适用于类和结构体。

下面我们来看结构体的实例属性，示例代码如下。

```
 1 |  struct StudentScores {
 2 |      let  math: Int = 0
 3 |      var chinese:Int = 0
 4 |      var english:Int = 0
 5 |  }
 6 |  var score = StudentScores()
 7 |  score.math = 100
 8 |  score.chinese = 100
 9 |  let  score1 = StudentScores()
10 |  score1.english = 100
11 |  print(score.math)
```

在上述代码中，第 1 行代码定义了一个 StudentScores 结构体，包含整型常量 math、chinese 和 english。第 6 行代码创建 StudentScores 的实例变量 score，通过点（.）运算符来调用属性，第 7 行代码试图修改常量 math 的属性，程序会发生编译错误。错误为：

```
Cannot assign to property: 'math' is a 'let' constant
```

错误表示 math 是一个常量，不能被修改。显然，结构体常量成员的属性是不能修改的。

第 8 行代码修改实例变量 score 的 chinese 属性，编译可以通过。第 9 行代码试图修改常量实例 scroe1 的 english 属性，也会发生编译错误。错误为：

```
Cannot assign to property: 'score1' is a 'let' constant
```

错误提示表示 score1 是一个常量，不能被修改。虽然属性 english 是变量属性，但也不能被修改，这是因为 scroe1 是结构体实例，是值类型。引用类型相当于指针，其常量可以被修改，但是值类型的常量是不能被修改的。关于值类型和引用类型，我们在讲解数据类型时已经提过，在第 10 章中会详细讲解。

9.2.2　懒加载实例属性

懒加载实例属性是指在第一次被使用时才进行初值计算。因为变量的初始值直到实例初始化完成之后才被检索，通过在属性声明前加上@lazy 标识可以将一个懒加载实例属性为变量属性。常量属性在实例初始化完成之前就应该被赋值，因此，常量属性不能够被声明为懒加载实例属性。

当因为外部原因，属性初始值在实例初始化完成之前不能够确定时，就要将其定义成懒加载实例属性。当属性初始值需要复杂或高代价的设置，并且在需要它时才被赋值的情况下，懒加载实例属性就派上用场了，示例代码如下。

```
 1 |  struct StudentScores {
```

```
2 |        var math: Int = 0
3 |        var chinese:Int  = 0
4 |        lazy var english:Int  = 0
5 |   }
6 | var score  = StudentScores ()
```

在上述代码中，我们在 english 属性前面添加了关键字 lazy 声明，这样 english 属性会被延时加载。延时加载，顾名思义，就是 english 属性只有在第一次被访问时加载，如果永远不被访问，它就不会被创建，这样可以减少内存占用。

9.2.3　计算属性

除了存储属性以外的属性都是计算属性，计算属性提供了一个 getter（取值访问器）来获取值，以及一个可选的 setter（设置访问器）来间接设置其他属性或变量的值。结构体、枚举、类都可以定义计算属性，计算属性不直接存储值。

下面我们通过一个示例来看在结构体中如何使用 getter 和 setter 访问器。

```
1 | struct Point {
2 |     var x = 0.0, y = 0.0
3 | }
4 | struct Size {
5 |     var width = 0.0, height = 0.0
6 | }
7 | struct Rect {
8 |     var origin = Point()
9 |     var size = Size()
10 |    var center: Point {
11 |        get {
12 |            let centerX = origin.x + (size.width / 2)
13 |            let centerY = origin.y + (size.height / 2)
14 |            return Point(x: centerX, y: centerY)
15 |        }
16 |        set(newCenter) {
17 |            origin.x = newCenter.x - (size.width / 2)
18 |            origin.y = newCenter.y - (size.height / 2)
19 |        }
20 |    }
21 | }
22 | var square = Rect(origin: Point(x: 0.0, y: 0.0),size: Size(width: 10.0, height: 10.0))
23 | let initialSquareCenter = square.center
24 | square.center = Point(x: 15.0, y: 15.0)
25 | print("square.origin is now at (\(square.origin.x), \(square.origin.y))")
```

输出结果：

```
10.0, 10.0
```

在上述代码中，第 1~3 行代码定义了 Point 结构体，并封装了一个坐标（x, y），第 4~6 行代码定义了 Size 结构体，并封装了 width 和 height，第 7~21 行代码定义了 Rect 结构体，用于表示一个有原点和尺寸的矩形，Rect 也提供了一个名为 center 的计算属性。一个矩形的中心点可以从原点和尺寸来算出，所以不需要将它以显式声明的 Point 来保存。Rect 的计算属性

center 提供了自定义的 getter 和 setter，用于获取和设置矩形的中心点。

第 23 行代码创建了一个名为 square 的 Rect 实例，初始值原点是（0，0），宽度和高度都是 10。square 的 center 属性可以通过点运算符（square.center）来访问，同时会调用 getter 来获取属性的值。与直接返回已经存在的值不同，getter 是通过计算来返回一个新的 Point，用于表示 square 的中心点。在上述代码中，它正确返回了中心点（5，5）。之后 center 属性被设置了一个新的值（15，15），表示向右上方移动正方形到橙色正方形的位置。设置属性 center 的值会调用 setter 来修改属性 origin 的 x 值和 y 值，从而实现移动正方形到新的位置。

如果计算属性的 setter 没有定义表示新值的参数名，则可以使用默认名称 newValue，下面是使用了便捷的 setter 声明的 Rect 结构体代码。

```
1  |  struct AlternativeRect {
2  |      var origin = Point()
3  |      var size = Size()
4  |      var center: Point {
5  |          get {
6  |              let centerX = origin.x + (size.width / 2)
7  |              let centerY = origin.y + (size.height / 2)
8  |              return Point(x: centerX, y: centerY)
9  |          }
10 |          set {
11 |              origin.x = newValue.x - (size.width / 2)
12 |              origin.y = newValue.y - (size.height / 2)
13 |          }
14 |      }
15 |  }
```

此外，计算属性也可以只有 getter 访问器，没有 setter 访问器，即只读计算属性，不仅不用写 setter 访问器，而且 get{} 代码也可以省略，代码量会相对减少很多。由于枚举中不能定义实例存储属性，所以 set 访问器不能在枚举器中使用。我们通过一个示例来学习结构体的只读计算属性。

```
1  |  struct StudentScores {
2  |      let  math: Int = 0
3  |      var chinese:Int = 0
4  |      var english:Int = 0
5  |      var addScore:Int {
6  |          return 90 + math
7  |      }
8  |  }
9  |  var score  = StudentScores ()
10 |  print(score.addScore)
```

输出结果：

```
90
```

在上述代码中，第 1 行代码定义了结构体 StudentScores，第 5 行代码定义了只读属性 addScore，第 10 行代码读取 addScore 属性，并打印出来。

9.2.4 静态属性

静态属性又称为类型属性，用于定义特定类型全部实例共享的数据。静态属性不属于该类型实例中的属性，只能用类型名调用的属性。定义静态属性用于描述元数据，结构体中可以定义静态存储属性和计算属性。定义静态存储属性，声明关键字是 static。静态存储属性既可以是变量属性，也可以是常量属性。静态计算属性不能为常量，只能是变量。结构体静态计算属性也可以是只读的，枚举、结构体、类都可以定义静态属性。这里我们主要讲解结构体的静态属性，示例代码如下。

```
1 |  struct StudentScores {
2 |      let  math: Int = 0
3 |      var chinese:Int = 0
4 |      var english:Float = 60.0
5 |      static var  studentScore:Float = 1.2
6 |      static var score:Float{
7 |          return studentScore * 0.8
8 |      }
9 |      var newScore :Float {
10 |          return StudentScores.studentScore * english
11 |      }
12 |  }
13 |  print(StudentScores.score)
14 |  var student = StudentScores()
15 |  student.english =  100
16 |  print(student.newScore)
```

在上述代码中，我们首先定义了 StudentScores 结构体，第 5 行代码定义了静态存储属性 studentScore，第 6 行代码定义了静态计算属性 score，在其属性体中可以访问 studentScore 等静态属性。第 9 行代码定义了实例计算属性 newScore，在其属性体中能访问静态属性 studentScore，访问方式为"类型名.静态属性"，例如 StudentScores.studentScore。第 14 行代码也是访问静态属性，访问方式同样为"类型.静态属性"。第 16～17 行代码是访问实例属性，访问方式是"实例.实例属性"。

9.3　结构体的属性监听

为了监听存储属性的变化，Swift 提供了属性观察者。属性观察者能够监听存储属性的变化，即便变化前后的值相同，它也能监听到，但它不能监听延迟存储属性和常量存储属性的变化。

Swift 中的属性观察者主要有以下两个。

（1）willSet：观察者在修改之前调用。

（2）didSet：观察者在修改之后立刻调用。

下面我们通过一个例子来学习结构体中的属性监听，示例代码如下。

```
1 |  struct StudentScores {
2 |      let  math: Int = 0
3 |      var chinese:Int = 0
4 |      var english:Int = 60 {
5 |          willSet (nowEnglish){
6 |              print("现在的英语成绩: \(nowEnglish)")
7 |          }
8 |          didSet(oldEnglish){
```

```
 9 |                print("以前的英语成绩: \(oldEnglish)")
10 |            }
11 |        }
12 |    }
13 |    var score  = StudentScores ()
14 |    score.english = 90
```

输出结果:

```
现在的英语成绩: 90
以前的英语成绩: 60
```

在上述代码中，第 1 行代码定义了 StudentScores 结构体，第 4 行代码定义 no 属性，第 5 行代码定义 no 属性的 willSet 观察者，nowEnglish 是由我们分配的传递新值的参数名。第 5 行代码是 willSet 观察者内部处理代码，第 8 行代码定义 english 属性的 didSet 观察者，oldEnglish 是我们分配的传递旧值的参数名，第 9 行代码是 didSet 观察者内部处理代码。

当我们声明新值和旧值时，要使用定义的变量名，当然也可以不声明新值和旧值。第 5 行代码定义 willSet 观察者，"新值"是传递给 willSet 观察者的参数，它保存将要替换原来属性的新值，参数的声明可以省略，系统分配一个默认的参数 newValue。第 8 行代码定义 didSet 观察者，"旧值"是传递给 didSet 观察者的参数，它保存了被新属性替换的旧值，系统分配一个默认的参数 oldValue。修改后的代码如下所示。

```
 1 |  struct StudentScores {
 2 |      let  math: Int = 0
 3 |      var chinese:Int = 0
 4 |      var english:Int = 60 {
 5 |          willSet {
 6 |              print("现在的英语成绩: \(newValue)")
 7 |          }
 8 |          didSet{
 9 |              print("以前的英语成绩: \(oldValue)")
10 |          }
11 |      }
12 |  }
13 |  var score  = StudentScores ()
14 |  score.english = 90
```

输出结果:

```
现在的英语成绩: 90
以前的英语成绩: 60
```

属性监听常常应用于后台处理，以及需要更新界面的业务需求，我们可以根据自己的需要来使用。

9.4 结构体的方法

同枚举类型一样，结构体方法中也有实例方法和静态方法。

9.4.1　实例方法

结构体的实例方法和枚举的实例方法定义相同，并且在默认情况下，在实例方法中不能修改属性。如果需要修改属性，需要将方法声明为变异方法，在实例方法名前加关键字 mutating。

下面我们以 StudentScores 结构体为例学习结构体的实例方法。

```
1 |  struct StudentScores {
2 |      var   math: Int = 0
3 |      var chinese:Int = 0
4 |      var english:Int = 0
5 |      mutating func addScore(num1:Int,num2:Int,num3:Int){
6 |          math += num1
7 |          chinese += num2
8 |          english += num3
9 |      }
10 | }
11 | var student = StudentScores(math: 60, chinese: 60, english: 60)
12 | student.addScore(num1: 20, num2: 25, num3: 30)
13 | print("The score is \(student.math),\(student.chinese),\(student.english)")
```

输出结果：

```
The score is 80,85,90
```

在上述代码中，第 5 行代码定义了 addScore 方法，传入 3 个 Int 类型的参数，由于在该方法中对结构体的成员变量进行修改，所以要在方法名前加关键字 mutating。第 6~8 行代码实现 addScore 方法，分别将 StudentScores 的每一个成员属性加上一个值。第 11 行代码对 StudentScores 进行实例化，实例为 student。第 12 行代码调用实例方法，使结构体的成员变量发生改变。

9.4.2　静态方法

结构体的静态方法和枚举的静态方法一致，都是在方法名前面加关键字 static。我们通过下面的例子来学习结构体的静态方法。

```
1 |  struct StudentScores {
2 |      var   math: Int = 0
3 |      var chinese:Int = 0
4 |      var english:Int = 0
5 |      static func sum(num1:Int,num2:Int,num3:Int) -> Int{
6 |          return num1 + num2 + num3
7 |      }
8 | }
9 | print(StudentScores.sum(num1: 30, num2: 20, num3: 30))
```

输出结果：

```
80
```

在上述代码中，我们定义了 StudentScores 结构体，第 5 行代码声明了静态方法 sum，在方法名前加关键字 static，实现 3 个 Int 类型的数据相加。第 9 行代码使用 StudentScores 调用静态方法。

9.5 下标

下标是获取集合、列表或者队列中元素的简便方法,下标可以通过索引序列来获取和存储值,而不需要额外获取和设置方法。

Swift 语言中的类、结构和枚举都可以定义下标,我们可以为一个类型定义多个下标,下标也不局限于一维,可以定义具有多个参数的下标。本节我们主要来学习结构体中的下标。

下标可以让我们通过在实例名后加中括号,并在括号内添加一个或多个数值的形式检索一个元素。语法和方法语法、属性语法类似,通过使用 subscript 关键定义一个或多个输入参数以及一个返回值。不同于实例方法的是,下标既可以是可读写的,也可以是只读的。这种行为通过一个 getter 和 setter 语句联通,类似计算属性,示例代码如下。

```
subscript(index: Int) -> Int {
    get {
        //返回一个适当的 Int 类型的值
    }
    set(newValue) {
        //执行适当的赋值操作
    }
}
```

这里的 setter 与计算式属性类似,如果我们指定了新值参数名,则用那个名字,如果没有指定,默认提供的是 newValue。

如果是只读下标,就去掉 setter,与计算式属性类似,只有 getter 时可以省略 get 关键字,只用简写形式,示例代码如下。

```
subscript(index: Int) -> Int {
    //返回一个适当的下标值
}
```

下标的具体含义由使用它时的上下文来确定。下标主要作为集合、列表和序列的元素快捷方式。我们可以自由地为类或者结构定义所需要的下标。

下标可以接收任意数量的参数,参数的类型也可以各异。下标还可以返回任何类型的值。下标可以使用变量参数或者可变参数,但不能使用输入/输出参数或者提供默认参数的值。

类或结构可以根据需要实现各种下标方式,使用合适的下标通过中括号中的参数返回需要的值,这种多下标的定义被称作下标重载。

下面我们通过一个例子介绍在结构体中使用下标语法。

```
1 |   struct  SumValue{
2 |       let number:Int
3 |       subscript(index:Int)->Int{
4 |           return number + index
5 |       }
6 |   }
```

```
7 |    let addIndex = SumValue(number:6)
8 |    print("6 与 4 的和为:\(addIndex[4])")
```

输出结果：

6 与 4 的和为：10

在上述代码中，第 1 行代码创建了 SumValue 结构体，第 2 行代码定义了一个整型的成员属性 number，利用下标语法创建了一个用来表示成员值和索引值和的实例。第 7 行代码在初始化时为 number 参数传入的数值 4。第 8 行代码 addIndex[4]通过下标访问了 addIndex 的第 4 个元素，最后返回的值为 6 与 4 的和。由于求和是根据数学规则设置的，所以不应该为 addIndex[someIndex]元素设置一个新值，所以 SumValue 的下标定义为只读。和计算属性一样，只读下标可以不需要 get 关键词。

9.6　结构体的构造器

构造过程是为了使用某个类、结构体或枚举类型的实例而进行的准备过程，包含为实例中的每个属性设置初始值、为其执行必要的准备和初始化任务。构造过程是通过定义构造器来实现的，这些构造器可以看作是用来创建特定类型实例的特殊方法。Swift 的构造器无需返回值，它们的主要任务是保证新实例在第一次使用前完成正确的初始化。

9.6.1　默认构造器

Swift 要求在实例化一个结构体时，所有的成员变量都必须有初始值。构造函数的意义在于用来初始化所有成员变量，而不是分配内存，分配内存是系统帮我们做的。构造器在创建某特定类型的新实例时调用，以关键字 init 命名。构造器没有返回值。

结构体在构造过程中会调用一个构造器，如果没有编写任何构造器，则使用默认构造器。结构体的默认构造器有两种写法。我们定义一个保存一个点坐标的结构体 Point，它有两个 Double 类型的存储属性 x 和 y，以此为例来介绍默认构造器的两种方法，示例代码如下。

写法 1：

```
1 |    struct Point {
2 |        var x :Double
3 |        var y :Double
4 |    }
5 |    var point = Point(x: 1.0, y: 2.0)
6 |    print("这个点的坐标为:\(point.x,point.y)")
```

写法 2：

```
1 |    struct Point {
2 |        var x :Double = 1.0
3 |        var y :Double = 1.0
4 |    }
5 |    var point = Point()
6 |    print("这个点的坐标为:\(point.x,point.y)")
```

输出结果：

这个点的坐标为 (1.0, 1.0)

在上述代码中，写法 1 在定义结构体时没有初始化结构体中的成员变量，第 4 行代码中的 var point =Point（x: 1.0, y: 2.0）就是调用默认构造器，实现对结构体的初始化。写法 2 在定义结构体时，对成员变量进行初始化，第 4 行代码 var point = Point()是创建实例的过程，结构体后面的小括号代表对方法的调用，Point()表示调用了某个方法，这个方法就是构造器 init()，即调用结构体默认的构造器。

9.6.2　构造器参数

构造器最简形式类似于一个不带任何参数的实例方法，示例代码如下。

```
1 |   struct Point {
2 |       var x :Double
3 |       var y :Double
4 |       init() {
5 |           x = 6.0
6 |           y = 9.0
7 |       }
8 |   }
9 |   var point = Point()
10 |  print("这个点的坐标为:\(point.x,point.y)")
```

输出结果：

这个点的坐标为: (6.0, 9.0)

在上述代码中，我们定义了 Point 结构体，第 4 行代码定义构造器方法 init()，这里我们没有传入任何参数。在 init()方法中，我们对 Point 的存储属性 x 和 y 赋值为 6.0 和 9.0。第 9 行代码用于创建 Ponit 实例对象 point。

但在定义构造器时，我们可以通过定义输入参数和可选属性类型来定制构造过程，也可以在构造过程中修改常量属性。下面首先来看构造参数。

在定义构造器时提供构造参数，为其提供定制化构造所需值的类型和名字。构造器参数的功能和语法与函数和方法参数相同。我们仍以 Point 结构体为例来学习如何在构造器中定义参数，示例代码如下。

```
1 |   struct Point {
2 |       var x :Double
3 |       var y :Double
4 |       init(x pointX:Double,y pointY:Double) {
5 |           x = pointX + 5
6 |           y = pointY - 5
7 |       }
8 |   }
9 |   var point = Point(x: 6.0, y: 9.0)
10 |  print("这个点的坐标为:\(point.x,point.y)")
```

输出结果：

> 这个点的坐标为: (11.0, 4.0)

在上述代码中,第 4 行代码定义了构造器 init 的两个构造参数 pointX 和 pointY,外部标签分别为 x 和 y,这里使用外部标签与函数中使用外部标签是一致的,可以增强程序的可读性和安全性。第 9 行代码通过构造器创建 Point 实例对象 point,这里使用了 init 构造器的外部标签,只要构造器定义了某个外部标签,我们就必须使用它,否则将导致编译错误。

如果不希望为构造器的某个参数提供外部名字,可以使用下划线来显示描述它的外部名,以此覆盖上面所说的默认行为,示例代码如下:

```
 1 |  struct Point {
 2 |      var x :Double
 3 |      var y :Double
 4 |    init(_ pointX:Double,y pointY:Double) {
 5 |          x = pointX + 5
 6 |          y = pointY - 5
 7 |      }
 8 |  }
 9 |  var point = Point(6.0, y: 9.0)
10 |  print("这个点的坐标为:\(point.x,point.y)")
```

输出结果与上个例子相同。

9.6.3 指定构造器和便利构造器

一般来说,我们在结构体中直接定义的构造器为指定构造器。通过调用其他构造器来完成实例的部分构造过程,这一过程称为便利构造器。

结构体是值类型,我们可以通过使用 self.init 在自定义的构造器中引用其他的属于相同值类型的构造器。注意,只能在构造器内部调用 self.init。

下面通过一个例子来学习结构体指定构造器和便利构造器。

```
 1 |  struct Size {
 2 |      var width = 0.0, height = 0.0
 3 |  }
 4 |  struct Point {
 5 |      var x = 0.0, y = 0.0
 6 |  }
 7 |  struct Rect {
 8 |      var origin = Point()
 9 |      var size = Size()
10 |      init() {}
11 |      init(origin: Point, size: Size) {
12 |          self.origin = origin
13 |          self.size = size
14 |      }
15 |      init(center: Point, size: Size) {
16 |          let originX = center.x - (size.width / 2)
17 |          let originY = center.y - (size.height / 2)
18 |          self(origin: Point(x: originX, y: originY), size: size)
19 |      }
20 |  }
21 |  let rect1 = Rect()
```

```
22 |   let rect2 = Rect(origin: Point(x:6.0,y:9.0) , size: Size(width: 5.0, height: 6.0))
23 |   let rect3 = Rect(center: Point(x:6.0,y:9.0),size: Size(width: 5.0, height: 6.0))
```

在上述代码中，我们定义了 3 个结构体，第 1~6 行代码定义了 Size 和 Point 结构体，分别为它们的属性提供了初始值 0.0。第 10 行代码表示第 1 个构造器 init()，这是一个指定构造器。使用默认值 0.0 初始化 origin 和 size 属性来创建实例。在功能上和我们在默认构造器提到的写法 2 是一致的，这个构造器是一个空函数，使用一对大括号{}来描述，它没有执行任何定制的构造过程。调用这个构造器将返回一个 Rect 实例，它的 origin 和 size 属性都使用定义时的默认值 Point(x: 0.0, y: 0.0)和 Size(width: 0.0, height: 0.0)。第 11 行代码表示第 2 个 Rect 构造器 init(origin:size:)，这也是一个指定构造器，使用特定的 origin 和 size 实例来初始化。在功能上和我们在默认构造器提到的写法 1 是一致的，这个构造器只是简单地将 origin 和 size 的参数值赋给对应的存储型属性。第 15 行代码中的第 3 个 Rect 构造器 init(center:size:)稍微复杂一点，这是一个便利构造器，使用特定的 center 和 size 来初始化。在该构造器中它先通过 center 和 size 的值计算出 origin 的坐标，然后再调用第 2 个构造器 init(origin:size:)，将新的 origin 和 size 值赋值到对应的属性中。

9.7 结构体嵌套

要在一个类型中嵌套另一个类型，需要将嵌套的类型的定义写在被嵌套类型的{}区域内，而且可以根据需要定义多级嵌套。本节我们来学习结构体的嵌套，也就是在结构体内嵌套结构体，示例代码如下。

```
1 |   struct Timer {
2 |       var year:Int = 2016
3 |       var month:Int = 5
4 |       var day:WeekDays = WeekDays()
5 |       struct  WeekDays{
6 |           var hour:Int = 14
7 |           var minute:Int = 36
8 |           var second:Int = 27
9 |       }
10 |  }
11 |  var timer = Timer()
12 |  print("当前时间:\(timer.day.hour)时")
```

输出结果：

当前时间: 14 时

在上述代码中，我们定义了 Timer 结构体嵌套了枚举类型 WeekDays。在 Timer 结构体中我们定义了枚举类型的成员变量 year、month、day，其中 day 属性是 WeekDays 类型。第 11 行代码创建了 Timer 的实例 timer，第 12 行代码中引用嵌套结构体 Timer 的 day 属性。

9.8 可选链

可选链是一种可以请求或调用属性、方法和子脚本的过程，用于请求或调用的目标可能为

nil。如果目标有值，调用就会成功；如果目标为 nil，调用将返回 nil。多次请求或调用可以被链接成一个链，任意一个节点为 nil 将导致整条链失效。

我们定义 Area、City、Province 结构体，分别用于表示地区、市区、省份，示例代码如下。

```
1 |   struct  Area{
2 |       var no:Int = 0
3 |       var name:String = ""
4 |       var city:City = City()
5 |   }
6 |   struct City {
7 |       var no:Int = 0
8 |       var name:String = ""
9 |       var province:Province = Province()
10 |  }
11 |  struct Province {
12 |      var no:Int = 0
13 |      var name:String = "上海市"
14 |  }
15 |  var area = Area()
16 |  print(area.city.province.name)
```

输出结果：

```
上海市
```

在上述代码中，第 1 行代码定义了 Area 结构体，第 6 行代码定义了 City 结构体，第 11 行代码定义了 Province 结构体。在 Area 结构体中定义的 city 变量通过 var city:City = City()关联到 City 类。在 City 结构体定义的 province 变量，通过 var province:Province = Province()关联到 Province 类。第 15 行代码定义了 Area 实例，第 16 行代码通过 area.city.province.name 从 Area 实例引用到 Provice 实例，这样就形成了一条引用链。但是，如果这个"链条"任何一个环节为 nil，都将导致无法引用到最后的目标 Province 实例。

事实上，第 4 行代码是使用 City()构造器实例化 city 属性的，这说明给定一个 Area 实例，一定会有一个 City 与其关联。但是现实并非如此，这种关联关系有可能有值，也有可能没有值，所以我们需要使用可选类型来声明这些属性。

修改代码如下。

```
1 |   struct Area{
2 |       var no:Int = 0
3 |       var name:String = ""
4 |       var city:City?
5 |   }
6 |   struct City {
7 |       var no:Int = 0
8 |       var name:String = ""
9 |       var province:Province?
10 |  }
11 |  struct Province {
12 |      var no:Int = 0
13 |      var name:String = "上海市"
14 |  }
```

```
15 |   var area = Area()
16 |   print(area.city?.province?.name)
```

输出结果：

```
nil
```

第 4 行代码声明 city 为 City?可选类型，第 9 行代码声明 province 为 Province?可选类型。那么原来的引用方式 area.city.province.name 已经不能应对可选类型了，我们可以使用问号的引用方式，print(area.city?.province?.name)。此时的输出结果为 nil。

如果我们使用如下的感叹号进行强制解包，又会出现怎么的现象呢？

```
print(area.city! .province! .name)
```

此时运行报错，错误提示为：

```
unexpectedly found nil while unwrapping an Optional value
```

这是因为使用强制拆封有一个弊端，如果可选链中某个环节为 nil，将导致代码运行时错误。

问号表示引用时，如果某个环节为 nil，它不会抛出错误，而是会把 nil 返回给引用者，这种由问号引用可选类型的方式就是可选链。可选链是一种"温柔"的引用方式，它的引用目标不仅可以是属性，还可以是方法、下标和嵌套类型等。

在上述代码中输出结果为 nil，是因为 area.city?和 area.city?.province?都为 nil，现在我们将代码修改如下。

```
 1 |   struct Area{
 2 |       var no:Int = 0
 3 |       var name:String = ""
 4 |       var city:City? = City()
 5 |   }
 6 |   struct City {
 7 |       var no:Int = 0
 8 |       var name:String = ""
 9 |       var province:Province? = Province()
10 |   }
11 |   struct Province {
12 |       var no:Int = 0
13 |       var name:String = "上海市"
14 |   }
15 |   var area = Area()
16 |   print(area.city!.province!.name)
```

输出结果：

```
上海市
```

9.9　扩展

扩展就是向一个已有的类、结构体或枚举类型添加新功能。扩展是一种"轻量级"的继承机制，即使原有类型被限制继承，我们依然可以通过扩展机制来"继承"原有类型的功能。

扩展的好处是修改方便，方便分组。在项目中，我们可以将实现类似功能的方法放在同一个扩展中，这样便于后期代码的维护。扩展的类型可以是类、结构体和枚举，而继承只能是类，不能是结构体和枚举。

9.9.1　声明扩展

声明一个扩展的语法格式如下。

```
extension 类型名 {
      // 加到类型的新功能
}
```

声明扩展的关键字为 extension，类型名是指 Swift 中的类、结构体和枚举。我们也可以扩展整型、浮点型、布尔型、字符串等基本数据类型，这是因为这些类型本身上也是结构体类型。

下面我们通过扩展在本章开头定义的结构体 studentScores，来学习如何声明一个扩展。

```
1 |   struct StudentScores {
2 |       var math: Int
3 |       var chinese:Int
4 |       var english:Int
5 |   }
6 |   extension StudentScores{
7 |    func totalScore(num1:Int,num2:Int,num3:Int) -> Int {
8 |         return  num1 + num2 + num3
9 |       }
10 |   }
```

在上述代码中，我们使用关键字 extension 扩展 StudentScores 结构体中的 totalScore 方法。

Swift 的扩展机制可以在原类型定义的基础上添加新功能，功能包括实例计算属性和静态计算属性、实例方法和静态方法、构造器、下标、嵌套类型和协议。

下面我们将重点介绍扩展计算属性、扩展方法、扩展构造器，这些是我们在编程中会经常使用的。关于扩展协议我们将在第 11 章中详细介绍。本章我们以结构体为例展开对扩展的学习，其他类型和结构体扩展的用法基本一致。

9.9.2　扩展计算属性

我们可以在已有的结构体上扩展计算属性，包括实例计算属性和静态计算属性。这些添加计算属性的定义，与普通的计算属性的定义相同。注意，此处不能添加存储属性，也不能向已有的属性中添加属性观察。

我们以 9.2 节中讲解的结构体 studentScores 为例，来学习扩展计算属性。

```
1 |   struct StudentScores {
2 |       let   math: Int = 0
3 |       var chinese:Int = 0
4 |       var english:Int = 0
5 |   }
6 |   extension StudentScores{
7 |       var addScore:Int {
8 |           return 90 + math
```

```
 9 |      }
10 | }
11 | var score  = StudentScores ()
12 | print("学生的成绩: \(score.addScore)")
```

输出结果:

```
90
```

在上述代码中，我们定义了 studentScores 结构体，第 7 行代码扩展结构体的计算属性 addScore，该属性是只读的实例计算属性。第 11 行代码创建了 studentScores 结构体实例 score。第 12 行代码调用结构体实例 score 的计算属性 addScore，并打印出来。

此外，在扩展中不仅可以定义只读计算属性，还可以定义读写计算属性、静态计算属性。它们的定义方式和例子中定义的只读实例计算属性的定义是一致的。

9.9.3　扩展方法

我们可以在原类型上扩展方法，包括实例方法和静态方法。这些添加方法的定义与普通方法的定义是一样的。扩展方法在扩展中尤为重要，经常会被使用到。

下面来看一个示例。

```
 1 | struct StudentScores {
 2 |     var   math: Int = 0
 3 |     var chinese:Int = 0
 4 |     var english:Int = 0
 5 | }
 6 | extension  StudentScores{
 7 |     func addScore(num1:Int,num2:Int,num3:Int){
 8 |         math += num1
 9 |         chinese += num2
10 |         english += num3
11 |     }
12 |     static func sum(num1:Int,num2:Int,num3:Int) -> Int{
13 |         return num1 + num2 + num3
14 |     }
15 | }
16 | var student = StudentScores(math: 60, chinese: 60, english: 60)
17 | student.addScore(num1: 20, num2: 25, num3: 30)
18 | print("数学成绩: \(student.math),语文成绩:\(student.chinese),英语成绩:\(student.english)")
19 | print("学生的总成绩: \(StudentScores.sum(num1: 60, num2: 60, num3: 60))")
```

输出结果:

```
数学成绩: 80，语文成绩: 85，英语成绩: 90
学生的总成绩: 180
```

在上述代码中，我们定义了 StudentScores 结构体的扩展，第 6 行代码扩展了 StudentScore 实例方法 addScore，将学生的各科成绩加上一个值。由于要修改 StudentScore 的成员值，所以使用了关键之字 mutating，用该方法就可以修改结构体的成员值。第 12 行代码扩展了 StudentScore 的静态方法 sum，将学生的各科成绩加起来。第 16 行代码创建 studentScore 实例对象，第 17 行代码调用了扩展的实例方法，第 19 行代码调用了扩展的静态方法。

9.9.4 扩展构造器

扩展类型时，也可以添加新的构造器。值类型与引用类型扩展有所区别，值类型包括除类以外的其他类型，主要是枚举类型和结构体类型。本节我们主要讲解值类型中的结构体扩展构造器，示例代码如下。

```
 1 |  struct Point {
 2 |      var x :Double
 3 |      var y :Double
 4 |      init (pointX:Double,pointY:Double) {
 5 |          self.x = pointX
 6 |          self.y = pointY
 7 |      }
 8 |  }
 9 |  extension  Point{
10 |      init(z: Double) {
11 |          self.init (pointX:z,pointY:z)
12 |      }
13 |  }
14 |  var point = Point(pointX: 2.0, pointY: 8.0)
15 |  print("这个点的坐标为:\(point.x,point.y)")
16 |  var origin = Point(z:0.0)
17 |  print("原点的坐标为:\(origin.x,origin.y)")
```

输出结果：

```
这个点的坐标为:(2.0, 8.0)
原点的坐标为:(0.0, 0.0)
```

在上述代码中，我们定义了结构体 Point，并定义了它的成员变量 x 和 y。第 4 行代码定义了构造器方法 init(pointX:Double,pointY:Double)，初始化结构体的 x 和 y。第 9～13 行代码扩展了结构体的构造器方法 init(z: Double)，在该构造器方法中嵌套了结构体原来的构造器方法，实现将 z 的值赋值给 pointX 和 pointY。第 14 行代码通过原来的构造器方法创建了 Point 实例对象，将 x 赋值为 2.0，y 赋值为 8.0。第 16 行代码通过扩展的构造器创建 Point 实例对象，将 x 和 y 都赋值为 0.0。

9.10 本章小结

通过学习本章内容，我们掌握了结构体基本概念和定义，以及结构体相关的属性。此外，还了解了 Swift 属性观察者。

9.11 思考练习

1. 定义一个 Person 结构体，包括姓名和年龄，并使用构造器初始化 Person 的存储属性。
2. 定义两个结构体，实现结构体的嵌套。

第 10 章　类

Swift 中的类和结构体非常类似，都具有定义和使用属性、方法、下标和构造器等面向对象特性，但是结构体不具有继承性，也不具有运行时强制类型转换、使用析构器和使用引用计等能力。

10.1　类和结构体的区别

在 Swift 语言中，类和结构体虽然很相似，但仍然存在一定的差异，类的定义是使用关键字 class，在上一章中我们已经知道结构体的定义是使用关键字 struct。类对象所占有的空间是堆空间，而结构体对象所占有的空间是栈空间。类和结构体定义的语法格式如下。

```
class 类名 {
  定义类的成员
}
struct 类名 {
  定义结构体的成员
}
```

类和结构体主要区别在于类是引用类型，而结构体是值类型。我们都知道数据类型可以分为值类型和引用类型，这是由赋值或参数的传递方式决定的。值类型是在赋值或向函数传递参数时创建一个副本，把副本数据传递过去，这样在函数的调用过程中不会影响原始数据。引用类型是在赋值或向函数传递参数时将数据本身传递过去，这样在函数的调用过程中会影响原始数据。在众多的数据类型中，只有类是引用类型，枚举和结构体类型全部是值类型。值类型还包括整型、浮点型、布尔型、字符串、元组、集合和枚举。

下面我们通过结构体和类的对比，更深入地学习值类型和引用类型。

```
 1 |  class StudentInfo{
 2 |  var name:String = ""
 3 |  var score: Int  = 0
 4 |  }
 5 |  var  student = StudentInfo()
 6 |  student.name = "zhangsan"
 7 |  student.score = 100
 8 |  func updateStudentScore(student:StudentInfo){
 9 |      student.score = 89
10 |  }
```

```
11 |    print("学生成绩修改之前的值: \(student.score)")
12 |    updateStudentScore(student: student)
13 |    print("学生成绩修改之后的值: \(student.score)")
```

输出结果：

```
学生成绩修改之前的值: 100
学生成绩修改之后的值: 89
```

在上述代码中，第 1~4 行代码创建 StudentInfo 类实例，并设置它的属性。为了测试类是否是引用类型，我们在第 8 行代码中定义了 updateStudentScore 函数，它的参数是 StudentInfo 结构体实例。第 9 行代码 student.score = 89 是改变 student 的实例。然后第 11 行代码打印学生成绩修改之前的值，第 12 行代码调用修改学生成绩的函数，第 13 行代码打印学生成绩修改之后的值。如果修改前和修改后的结果一致，说明类是值类型，反之则为引用类型。

下面我们以结构体为例，来看结构体是否为值类型。

```
1 |    struct StudentScores{
2 |        var  math: Int = 0
3 |        var chinese:Int = 0
4 |        var english:Int = 60
5 |    }
6 |    var student = StudentScores()
7 |    student.math =  100
8 |    func updateStudentScore(student:StudentScores){
9 |        student.math = 90
10 |    }
11 |    print("数学成绩修改之前的值: \(student.math)")
12 |    updateStudentScore(student: student)
13 |    print("数学成绩修改之后的值: \(student.math)")
```

上述代码中，第 9 行代码 student.math = 90 会产生编译错误，错误信息如下。

```
Cannot assign to property: 'student' is a 'let' constant
```

错误提示 student.math = 90 是不能被赋值的，这说明 StudentScores 结构体不能被修改，因为它是值类型。不过有另外一种办法可以使值类型参数能够以引用类型传递，我们介绍过使用 inout 声明的输入/输出类型参数，这里将代码修改如下。

```
1 |    func updateStudentScore( student:inout StudentScores){
2 |        student.math = 90
3 |    }
4 |    print("数学成绩修改之前的值: \(student.math)")
5 |    updateStudentScore(student: &student)
6 |    print("数学成绩修改之后的值: \(student.score)")
```

输出结果：

```
数学成绩修改之前的值: 100
数学成绩修改之后的值: 89
```

我们不仅要将参数声明为 inout，而且要在使用实例前加上&符号。

此外，引用类型的比较可以通过恒等于（===）和不恒等于（!==）关系运算符。恒等于用于比较两个引用类型是不是同一个实例，不恒等于则刚好相反，它只能用于引用类型，也就是类的实例。它们的用法与等于（==）和不等于（！=）的用法一致，只是用于比较的对象不同。下面我们通过一个例子介绍恒等于和不恒等于。

```
 1 |  class  StudentScores{
 2 |  var   math: Int = 0
 3 |  var chinese:Int = 0
 4 |  var english:Int = 0
 5 |  }
 6 |  var student1 = StudentScores()
 7 |  student1.math = 70
 8 |  student1.chinese = 80
 9 |  student1.english = 86
10 |  var student2 = StudentScores()
11 |  student2.math = 70
12 |  student2.chinese = 60
13 |  student2.english = 96
14 |  if student1.math == student2.math{
15 |      print("数学成绩相同")
16 |  }else{
17 |      print("数学成绩相同")
18 |  }
19 |  if student1 === student2{
20 |      print("两个对象恒等")
21 |  }else{
22 |      print("两个对象恒等")
23 |  }
24 |  if student1 == student2{
25 |      print("两个对象恒等")
26 |  }else{
27 |      print("两个对象恒等")
28 |  }
```

在上述代码中，我们定义了类 StudentScore。第 6 行代码创建了第 1 个 StudentScore 实例 student1，第 7～9 行代码为 student1 重新赋值。第 10 行代码创建了第 2 个 StudentScore 实例 student2，第 11～13 行代码为 student2 重新赋值。第 14 行代码使用 "==" 来判断对象 student1 的 math 属性与对象 student2 的 math 属性是否相等。第 19 行代码使用 "===" 判断对象 student1 和 student2 是否相等。第 24 行代码使用 "===" 判断对象 student1 和 student2 是否相等，会报错如下。

```
Binary operator '==' cannot be applied to two 'StudentScores' operands
```

这表示 "==" 不能用于两个引用类型的数据进行比较，类似地，"===" 也不能用于两个值类型的数据进行比较。

10.2 类的属性

类的属性包括实例属性和计算属性。在上一章已经提到过结构体的相关属性，本节我们来学习类的相关属性。

10.2.1　实例属性

　　结构体的实例属性适用于类和结构体这两种面向对象类型。我们可以在定义类的实例属性时指定默认值，示例代码如下。

```
1 |  class StudentInfo{
2 |  let name:String = ""
3 |  var score: Int  = 0
4 |  }
5 |  var stu1 = StudentInfo()
6 |  stu1.name = "zhangsan"
7 |  stu1.score = 100
```

　　在上述代码中，第 6 行代码出现编译错误，因为 StudentInfo 的 name 属性是一个常量，不能重新赋值。第 7 行代码可以编译成功，因为 StudentInfo 的 score 属性是一个变量，可以重新复制。

10.2.2　懒加载实例属性

　　类的懒加载实例属性和结构体的懒加载实例属性是一致的。类的懒加载实例属性是在属性名前加上 lazy 关键字，我们通过下面的例子来学习类的懒加载实例属性。

```
1 |  class StudentInfo{
2 |  let name:String = ""
3 |  lazy  var score: Int  = 0
4 |  }
```

　　在上述代码中，由于我们只想获取学生信息类中的学生的姓名，所以在 score 类前面加上关键字 static，这样 score 属性就是延时加载。延时加载，顾名思义，就是 score 属性只有在第一次被访问时加载，如果永远不访问，它就不会创建，这样可以减少内存占用。

10.2.3　计算属性

　　计算属性提供了一个 getter（取值访问器）来获取值，以及一个可选的 setter（设置访问器）来间接设置其他属性或变量的值，类的计算属性的语法格式如下。

```
1 |  class 类名 {
2 |      存储属性
3 |      var 计算属性名 ：属性数 类型
4 |      {
5 |          get {
6 |              return 计算后属性值
7 |          }
8 |          set (新属性值) {
9 |          }
10 |     }
```

　　在上述代码中，第 2 行代码的存储属性表示有很多存储属性。事实上，第 3 行代码定义了计算属性，变量必须用 var 声明。第 5～7 行代码是 getter 访问器，它其实是一个方法，在访问器中对属性进行计算。最后，在第 6 行代码中使用 return 语句将计算结果返回。第 8～9 行代码是 setter 访问器，其中"新属性值"是要赋值给属性值。定义计算属性比较，要注意后面的几个大括号的对应关系。

我们先看一个示例。

```
1 |  class StudentInfo{
2 |  var   name:String = "zhangsan"
3 |  var score: Int  = 10
4 |  var age:Int{   //只能是 var
5 |      get{
6 |          return score * 2
7 |      }
8 |      set(newAge){
9 |          score = newAge / 2
10 |      }
11 |  }
12 |  }
13 |  var student = StudentInfo()
14 |  print("以前的年龄: \(student.age)")
15 |  student.age = 10
16 |  print("现在的年龄: \(student.age)")
```

输出结果：

```
以前的年龄: 20
现在的年龄: 10
```

在上述代码中，第 3 行代码定义了学生信息类的 score 存储属性，为了获得学生的年龄 age，假设 age 可以通过 score 获得，二者存在这样的关系：age = score*2。此时我们需要定义一个 age 的存储属性，可以通过 score 计算得到。第 4 行代码直接定义 age 计算属性，第 6 行是返回拼接的结果，第 8 行代码中的 newAge 是要存储传递来的参数值。

set (newAge) 可以省略如下形式，使用 Swift 默认名称 newValue 替换 newAge，示例代码如下。

```
set {
score = newValue / 2}
```

第 9 行代码是将存储传递过来的参数值 newAge 的一半作为存储属性 score 的值。第 14 行代码调用属性的 getter 访问器，取出属性值。第 15 行代码调用属性的 setter 访问器，为属性赋值。

10.2.4 类的属性监听

在结构体中，我们已经说过属性监听的定义，现在来看类的属性监听，示例代码如下。

```
1 |  class StudentInfo{
2 |  var   name:String = "zhangsan"
3 |  var score: Int  = 100{
4 |      willSet{
5 |          print("学生现在成绩: \(newValue)")
```

```
 6 |        }didSet{
 7 |            print("学生以前成绩: \(oldValue)")
 8 |        }
 9 |    }
10 |    }
11 | var stu2  = StudentInfo()
12 | stu2.score = 90
```

输出结果:

```
学生现在成绩: 90
学生以前成绩: 100
```

在上述代码中，第 1 行代码定义了 StudentInfo 类，第 3 行代码定义 score 属性，第 4 行代码定义 score 属性的 willSet 观察者。注意，这里没有声明参数，但是我们可以在观察者内部使用 newValue，newValue 是由系统分配的参数。第 11 行代码定义 score 属性的 didSet 观察者。注意，这也没有声明参数，但是我们可以在观察者内部使用 oldValue，oldValue 是由系统分配的参数。使用系统提供的 oldValue 和 newValue 可以缩小代码量。

10.2.5　类的静态属性

我们在前文中已经讲解过枚举和结构体的静态属性，类中可以定义实例存储属性，不可以定义静态存储属性。类中可以定义静态计算属性，声明使用关键字 static，这与结构体和枚举的声明不同。

下面我们先看一个 StudentInfo 类静态属性示例。

```
1 | class StudentInfo{
2 | var  name:String = "zhangsan"
3 | var score: Double  = 100.0
4 | var scale: Double = 0.8
5 | static var nowScore:Float{
6 |     return  0.8 * 100
7 | }
8 | }
9 | print(StudentInfo.nowScore)
```

输出结果:

```
80.0
```

在上述代码中，第 1 行代码定义了 StudentInfo 类，第 4 行代码定义了存储属性 scale，表示成绩的权重，在类中不能定义静态存储属性。第 5 行代码定义了静态计算属性 nowScore，表示现在的成绩，属性前面使用关键字是 static。第 9 行代码访问静态属性 nowScore。

10.3　类的方法

类的方法包括实例方法和静态方法，这与我们在结构体中讲的实例方法和静态方法用法是一致的。

10.3.1 类的实例方法

类的实例方法的定义与枚举中实例方法的定义是一致的，本节我们来学习类的实例方法，仍以 StudentInfo 为例。

```
 1 |  class StudentInfo{
 2 |      class StudentInfo{
 3 |      var  name:String = "zhangsan"
 4 |      var score: Int  = 80
 5 |      var scale:Float = 0.8
 6 |      func sum(num1:Int , num2:Int){
 7 |          print(num1 + num2)
 8 |      }
 9 |      func addScore(num1:Int) -> Int{
10 |          score += num1
11 |          return score
12 |      }
13 |  }
14 |  var student = StudentInfo()
15 |  student.sum(num1: 10, num2: 20)
16 |  print(student.addScore(num1: 20))
```

输出结果：

```
30. 100
```

在上述代码中，第 6 行代码定义了方法 sum，用来计算两个整型数据的和。第 9 行代码定义了方法 addScore，用来将 StudentInfo 类的 math 属性的值增加一个值，实现对 math 属性值的修改。在第 14 行代码中，我们实例化 StudentInfo，student 为实例。第 15 行代码调用实例方法 sum，第 16 行代码调用实例方法 addScore，这里通过调用操作 "." 来实现方法的调用。注意，在类可以直接定义实例方法来修改属性，但在结构体和枚举默认情况下是不能修改属性的。如果要修改属性，我们需要在实例方法前面加 mutating，前文中有详细讲解。

10.3.2 类的静态方法

静态方法定义的方法与静态属性类似，类的静态方法也称为类方法，使用关键字 static。

```
 1 |  class StudentInfo{
 2 |      static  func sum(num1:Int , num2:Int){
 3 |          print(num1 + num2)
 4 |      }
 5 |  }
 6 |  StudentInfo.sum(num1: 10, num2: 20)
```

输出结果：

```
30
```

在上述代码中，第 1 行代码定义了 StudentInfo 类，第 2 行代码定义了类方法 sum，第 6 行代码直接使用 StudentInfo 类调用类方法 sum。

10.4 类的继承和多态

继承性是类的重要特征之一。Swift 中的继承只能发生在类中，不能发生在枚举和结构体中。在 Swift 中，一个类可以继承另一个类的方法、属性、下标等特征。当一个类继承其他类时，继承类为子类，被继承类为父类（或超类）。多态包括重写和重载，其中，重写发生在类的继承基础上。子类继承父类后，可以重写父类的方法、属性、下标等特征。

10.4.1 类的继承

下面我们通过一个例子来了解类的继承。在编程过程中，我们要描述动物的信息，包括动物的名字和毛色，示例代码如下。

```
1 |  class Animals {
2 |      var name:String
3 |      var color:String
4 |      init(name:String,color:String) {
5 |          self.name = name
6 |          self.color = color
7 |      }
8 |  }
```

我们还需要描述狗的信息，包括狗的名字、毛色和体重，示例代码如下。

```
 1 |  class Dog {
 2 |      var name:String
 3 |      var color:String
 4 |      var weight:Float
 5 |      init(name:String,color:String,weight:Float) {
 6 |          self.name = name
 7 |          self.color = color
 8 |          self.weight = weight
 9 |      }
10 |  }
```

如上述代码所示，我们完成了动物和狗的信息的描述。仔细观察代码，我们会发现 Animals 类和 Dog 类的结构很相似，后者仅仅比前者多出一个 weight 属性，而我们却要重复定义其他内容，这样会比较浪费空间。此时 Swift 提供了解决类似问题的机制，那就是类的继承，将代码修改如下。

```
1 |  class Dog : Animals {
2 |      var weight:Float
3 |      init(name:String,color:String,weight:Float) {
4 |          self.weight = weight
5 |          super.init(name: name, color: color)
6 |      }
7 |  }
```

在上述代码中，我们让 Dog 类继承了 Animals 类中的所有特性。":"表示继承关系，":"之后的 Animals 类是父类，Dog 是 Animals 的子类。Swift 中的类可以没有父类。

一般情况下，一个子类只能继承一个父类，称为单继承。但有时一个子类可以有多个不同的父类，称为多重继承，在 Swift 中，类的继承只能是单继承，多重继承需求可以通过协议实现。也就是说，在 Swift 中，一个类只能继承一个父类，但是可以遵守多个协议。我们会在后面的章节详细讲解协议。

10.4.2 类的重写

一个类继承另一个类的属性、方法、下标等特征后，子类也可以重写这些特征。本节我们重点讲解对属性和方法的重写。子类重写父类的属性和方法时，需要在属性和方法前面加 override 关键字。

1. 属性重写

我们可以在子类中重写从父类继承来的属性，子类重写父类的属性要与父类的属性名，以及属性指定的数据类型完全一致。属性的重写既可以重写 getter 和 setter 访问器，也可以重写属性观察者。

通过对属性的学习，我们知道计算类型属性需要使用 getter 和 setter 访问器，而存储属性不需要。子类在继承父类后，也可以通过 getter 和 setter 访问器重写父类的存储属性和计算属性。

下面我们通过一个例子来看重写属性 setter 和 getter 访问器。

```
1 | class Animals {
2 |     var name:String
3 |     var color:String
4 |     init(name:String,color:String) {
5 |         self.name = name
6 |         self.color = color
7 |     }
8 | }
9 | class Dog : Animals {
10 |     var weight:Float
11 |     override var name: String{
12 |         get{
13 |             return super.name
14 |         }
15 |         set{
16 |             super.name = newValue
17 |         }
18 |     }
19 |     init(name: String, color: String,weight:Float) {
20 |         self.weight = weight
21 |         super.init(name: name, color: color)
22 |     }
23 | }
24 | var  dog = Dog(name: "Tom", color: "白色", weight: 10.6)
25 | print("狗的名字:\(dog.name)")
26 | dog.name = "Jack"
27 | print("狗现在的名字:\(dog.name)")
```

输出结果：

狗的名字：Tom
狗现在的名字：Jack

　　在上述代码中，第 1 行代码定义了 Animals 类，第 2～3 行代码定义了存储名字 name 和毛色 color 属性。第 9 行代码定义了 Animals 的子类 Dog，第 11 行代码中子类 Dog 重写了 name 属性，第 11～18 行代码重写代码，重写属性前面要加上关键字 override，例如，第 11 行代码 override var name: String。

　　在 getter 方法器中，第 13 行代码返回 super.name，super 指代 Animals 类实例，super.name 是直接访问父类的 name 属性。在 setter 访问器中，第 16 行代码 super.name= newValue 把新值赋值给父类的 name 属性。第 26 行代码修改了 name 属性，所以最后输出的狗现在的名字为 Jack。从属性重写可见，数据是存储在父类定义的存储属性中的。

　　除了可以重写属性 getter 和 setter 访问器，我们还可以重写属性观察者，示例代码如下。

```
1 |   class Animals {
2 |       var name:String
3 |       var color:String
4 |       init(name:String,color:String) {
5 |           self.name = name
6 |           self.color = color
7 |       }
8 |   }
9 |   class Dog : Animals {
10 |      var weight:Float
11 |      override var name: String{
12 |          willSet{
13 |              print("狗的现在名字:\(newValue)")
14 |          }
15 |          didSet{
16 |              print("狗的名字:\(oldValue)")
17 |          }
18 |      }
19 |      init(name: String, color: String,weight:Float) {
20 |          self.weight = weight
21 |          super.init(name: name, color: color)
22 |      }
23 |   }
24 |   var  dog = Dog(name: "Tom", color: "白色", weight: 10.6)
25 |   print("狗的名字:\(dog.name)")
26 |   dog.name = "Jack"
27 |   print("狗现在的名字:\(dog.name)")
```

输出结果：

狗的名字：Tom
狗现在的名字：Jack

　　在上述代码中，第 11～18 行代码重写了 name 属性观察者，如果只关注修改之前的调用，可以只重写 willSet 观察者；如果只关注修改之后的调用，可以只重写 didSet 观察者。在观察者中，还可以使用系统分配默认参数 newValue 和 oldValue。同样，第 26 行代码修改了 name

属性，所以最后输出的狗现在的名字为 Jack。

2. 方法重写

我们可以在子类中重写从父类继承来的实例方法和静态方法（类方法）。子类重写父类的方法要求重写方法的参数列表和返回值必须完全与被重写的方法相同。下面我们来看关于类中方法重写的例子。

```
 1 |  class Animals {
 2 |      var name:String
 3 |      var color:String
 4 |      func desc() -> String {
 5 |          return "动物名字:\(name),毛色:\(color)"
 6 |      }
 7 |      class func run()  {
 8 |          print("动物跑得很快")
 9 |      }
10 |      init(name:String,color:String) {
11 |          self.name = name
12 |          self.color = color
13 |      }
14 |  }
15 |  class Dog : Animals {
16 |      var weight:Float
17 |      override  func desc() -> String {
18 |          print(super.desc())
19 |          return "狗的名字:\(name),毛色:\(color),体重:\(weight)"
20 |      }
21 |      override class func run(){
22 |          print("狗跑得也很快")
23 |      }
24 |      init(name: String, color: String,weight:Float) {
25 |          self.weight = weight
26 |          super.init(name: name, color: color)
27 |      }
28 |  }
29 |  var  dog = Dog.init(name: "Tom", color: "白色", weight: 10.6)
30 |  print("狗:\(dog.desc())")
31 |  Animals.run()
32 |  Dog.run()
```

输出结果：

```
狗: 狗的名字: Tom，毛色: 白色，体重: 10.6
动物跑得很快
狗跑得也很快
```

在上述代码中，第 4 行代码定义了实例方法 desc，用来描述动物的信息。第 7 行代码定义了静态方法 run，然后在 Animals 的子类 Dog 类中重写了 desc 和 run 方法。第 17 行代码重写实例方法 desc，重写的方法前面添加关键字 override。第 17 行代码使用 super.desc()，其中 super 指代父类实例。第 18 行代码调用了 desc 方法。由于在子类中重写了该方法，所以调用的是子类中的 desc 方法。对应的输出结果为：

```
动物名字: Tom，毛色: 白色
狗: 狗的名字: Tom，毛色: 白色，体重: 10.6
```

第 30 行代码 Animals 类调用了 run 静态方法，输出结果：

```
动物跑得很快
```

第 31 行代码调用了 Dog 了类的 run 静态方法，输出结果：

```
狗跑得也很快
```

3. 使用 final 关键字

我们可以在类的定义中使用 final 关键字声明类，final 声明的类不能继承，示例代码如下。

```
1 |   final  class Animals {
2 |       var name:String
3 |       var color:String
4 |       func desc() -> String {
5 |           return "动物名字:\(name),毛色:\(color)"
6 |       }
7 |       init(name:String,color:String) {
8 |           self.name = name
9 |           self.color = color
10 |       }
11 |   }
12 |   class Dog : Animals { //编译错误
13 |       var weight:Float
14 |       override  func desc() -> String {
15 |           print(super.desc())
16 |           return "狗的名字:\(name),毛色:\(color),体重:\(weight)"
17 |       }
18 |       init(name: String, color: String,weight:Float) {
19 |           self.weight = weight
20 |           super.init(name: name, color: color)
21 |       }
22 |   }
```

在上述代码中，第 1 行代码定义 Animals 类，它被声明为 final，说明它不能被继承。因此，第 12 行代码定义了 Dog 类，当我们声明 Dog 类为 Animals 类时，会出现如下的编译错误。

```
Inheritance from a final class 'Animals'
```

使用 final 可以控制我们的类被有限地继承，特别是在开发一些商业软件时，适当地添加 final 限制是非常有必要的。

10.4.3　类的重载

标识一个函数除了函数名之外，还有函数的类型。类的重载是指在一个类中可以有两个或更多的函数，它们的函数名相同但参数不同。这些函数毫无关系，只是它们的功能可能类似，所以才命名一样，以便增加可读性。下面我们通过一个例子来学习类的重载。

```
1 |  class Animals {
2 |      var name:String
3 |      var color:String
4 |      init(name:String,color:String) {
5 |          self.name = name
6 |          self.color = color
7 |      }
8 |      func desc() -> String {
9 |          return "这是一只叫\(self.name)的\(self.color)动物"
10 |     }
11 |     func desc(age:Int) -> String {
12 |         return "这是一只叫\(self.name)的\(age)岁的\(self.color)动物"
13 |     }
14 | }
15 | var animal = Animals(name: "Tom", color: "白色")
16 | print(animal.desc())
17 | print(animal.desc(age: 8))
```

输出结果：

这是一只叫 Tom 的白色动物
这是一只叫 Tom 的 8 岁的白色动物

在上述代码中，第 1 行代码定义了名为 Animals 的类，第 8 行代码定义了一个名 desc 函数，没有参数，返回值为 String 类型。第 10 行代码也定义了一个名为 desc 函数，参数为 Int 类型的 age，返回值为 String 类型。这两个函数，函数名相同，但函数类型不同，构成了函数的重载。

10.5 类的构造和析构

经过第 9 章有关结构体构造的学习，我们知道构造过程是指结构体和类在创建实例的过程中需要进行一些初始化工作。与构造过程相对应，在实例最后释放时，需要清除一些资源，这个过程就是析构过程。但是析构过程只适用于类类型，不能应用于枚举和结构体，本节我们来学习类的构造和析构。

10.5.1 类的构造

类构造器和结构体构造器是相似的，会调用一种特殊的方法 init()方法。

1. 默认构造器

类在构造过程中，即使没有编写任何构造器，它也是存在的，因为系统中存在默认构造器。下面我们通过一个例子来学习类中的默认构造器。

```
1 |  class StudentInfo{
2 |  var   name:String = "zhangsan"
3 |  var score: Int  = 80
4 |  var scale:Float = 0.8
5 |  }
6 |  var sudent = StudentInfo()
```

在上述代码中，第 6 行代码中的 StudentInfo()就表示调用系统默认的构造器 init()方法。

2. 构造器参数

除了默认构造器，类还可以定制带有参数的构造器。下面我们通过一个例子来学习类的构造器。

```
1 |   class StudentInfo{
2 |       class StudentInfo {
3 |       var name : String
4 |       var score:Int
5 |       init(N name:String,S score:Int) {
6 |           self.name = name
7 |           self.score = score
8 |       }
9 |   }
10 |  var student = StudentInfo(N :"张三", S: 79)
11 |  print("学生姓名:\(student.name),学生成绩:\(student.score)")
```

输出结果：

学生姓名: 张三，学生成绩: 79

在上述代码中，第 6 行代码定义了构造器 init(N name:String，S score:Int)，在定制构造器时传入 name 和 score 两个参数，并定义了外部标签 N、S。第 6～7 行代码将参数赋值给属性，这和结构体构造器的用法是一致的。其中使用了 self 关键字，表示当前实例。self.name 表示当前实例的属性，在参数命名与属性命名发生冲突时使用 self，参数的作用域是构造器体，在参数与属性发生命名冲突时，参数屏蔽了属性，此时引用属性前面要加 self。

3. 指定构造器和便利构造器

指定构造器是类的主要构造器,在继承情况下,子类指定构造器要先调用父类指定构造器,初始化父类的存储属性。

便利构造器是类中比较次要的构造器,发生在同一类内部。我们可以定义便利构造器来调用同一个类中的指定构造器,并为其参数提供默认值,也可以定义便利构造器来创建一个特殊用途或特定输入的实例。

指定构造器的语法格式如下。

```
init(参数){
//构造内容
}
```

便利构造器也采用相同的语法格式，但需要在 init 关键字前面加 convenience 关键字。

```
convenience init(参数) {
//构造内容
 }
```

下面我们通过一个例子来学习类的指定构造器和便利构造器。

```
1 |   class StudentInfo{
```

```
 2 |        var   name:String
 3 |        var   score: Int
 4 |        init(name:String,score:Int){
 5 |            self.name = name
 6 |            self.score = score
 7 |        }
 8 |        convenience init(){
 9 |            self.init(name:"张三",score:86)
10 |        }
11 |    }
12 |    class ClassStudentInfo: StudentInfo {
13 |        var   weight:Double
14 |        init(weight:Double){
15 |            self.weight = weight
16 |            super.init(name:"李四",score:90)
17 |        }
18 |        convenience init(){
19 |            self.init(weight:78.5)
20 |        }
21 |    }
22 |    var student = StudentInfo()
23 |    print("父类姓名:\(student.name),成绩:\(student.score)")
24 |    var classStudent = ClassStudentInfo()
25 |    print("子类姓名:\(classStudent.name),
成绩:\(classStudent.score),
体重:\(classStudent.weight)")
```

输出结果：

```
父类姓名:张三，成绩: 86
子类姓名: 李四，成绩: 90，体重: 78.5
```

在上述代码中，我们定义了 StudentInfo 类。第 4 行代码为 StudentInfo 类创建了指定构造器 init(name: String, score:Int)，它能确保所有新 StudentInfo 实例中的存储型属性都被初始化。StudentInfo 类没有父类，所以 init(name:String，score:Int)构造器不需要调用 super.init()来完成构造。第 8 行代码 为 StudentInfo 类提供了一个没有参数的便利构造器 init()，在构造器前面加上 convenience 关键字。 这个 init()构造器为 StudentInfo 提供了一个默认的占位姓名和成绩，第 9 行代码调用同一类中定义的 指定构造器 init(name:String，score:Int)，并将参数 name 传值 "张三"，score 传值 86 来实现。

第 12 行代码创建 StudentInfo 子类 ClassStudentInfo 类，第 14 行代码在 ClassStudentInfo 类中定义了指定构造器 init（weight：Double)，第 16 行代码 super.init(name:"李四"，score:90) 调用父类 StudentInfo 的指定构造器 init(name:String，score:Int)。在继承情况下，只有子类指定 构造器才能调用父类指定构造器，而且子类指定构造器只能调用父类指定构造器。第 18 行代 码创建子类 ClassStudentInfo 的便利构造器 init()，在构造器前加 convenience 关键字。第 19 行 代码调用指定构造器 init(weight:Double)。

第 22 行代码创建 StudentInfo 类的实例对象 student。第 23 行代码打印出对象对应的属性。 第 24 行代码创建 ClassStudentInfo 类的实例对象 classStudent。第 25 行打印出对象对应的属性。

在上一节我们学习了类继承和重写，同样构造器也有继承和重写。在上述例子中，子类

ClassStudentInfo 的指定构造器方法 init（weight：Double）就继承了父类指定构造器方法 init(name:String，score:Int)，而且子类便利构造器方法　convenience init()是对父类便利构造器 方法 convenience init()的重写，方法名相同，但方法内容不同。

10.5.2　类的析构

在析构过程中也会调用一种特殊的方法 deinit，称为析构器。析构器 deinit 既没有返回值， 也没有参数，所以不能重载。析构函数只适用于类类型，不能应用于枚举和结构体，析构函数 是在类对象释放之前被调用的。Swift 会自动释放不再需要的实例所占用的内存空间，但当使用 自己的资源时，我们可能需要进行一些额外的清理。例如，如果创建了一个自定义的类来打开 一个文件，并写入一些数据，需要在类实例被释放之前关闭该文件。析构函数的语法格式如下。

```
deinit {
        // 函数体
}
```

下面我们仍以 studentInfo 类为例学习类的析构。

```
1 |   class StudentInfo{
2 |       var   name:String
3 |       var   score: Int
4 |       init(name:String,score:Int) {
5 |           self.name = name
6 |           self.score = score
7 |       }
8 |       deinit {
9 |           print("调用 deinit 函数")
10 |          self.name = ""
11 |          self.score = 0
12 |      }
13 |  }
14 |  var student1:StudentInfo? = StudentInfo(name: "李四", score: 90)
15 |  print("姓名:\(student1!.name),成绩:\(student1!.score)")
16 |  student1 = nil
```

输出结果：

```
姓名: 李四, 成绩: 90
调用 deinit 函数
```

在上述代码中，第 8 行代码使用 deinit 关键字定义了析构器，在这个析构器中重新设置了 存储属性值。第 14 行代码创建的 StudentInfo 的实例 student1 是一个可选类型，这是为了说明 该实例可以赋值为 nil。在第 15 行代码中，在使用可选实例时，要使用 "!" 进行强制拆包。

10.6　类的类型检测和转换

类型转换是检查类实例的一种方式，也是让实例作为它的父类或者子类的一种方式。在 Swift 中使用 is 实现类型检测，使用 as 操作符实现类型转换，这两个操作符提供了一种简单达意的方式去检查值的类型和转换类型。

10.6.1 类型检测

类型检测是使用操作符 is 来检测一个实例是否是某个类的类型。若实例属于该类型，则类型检测操作符返回 true，否则返回 false。

我们定义 Animals 类以及它的两个子类 Dog 和 Cat 类。下面以此为例，向大家介绍如何使用 is 进行类型检测。

```
1 |  class Animals {
2 |      var name:String
3 |      var color:String
4 |      init(name:String,color:String) {
5 |          self.name = name
6 |          self.color = color
7 |      }
8 |  }
9 |  class Dog : Animals {
10 |      var weight:Float
11 |      init(name:String,color:String,weight:Float) {
12 |          self.weight = weight
13 |          super.init(name: name, color: color)
14 |      }
15 |  }
16 |  class Cat: Animals {
17 |      var height:Float
18 |      init(name: String, color: String, height:Float) {
19 |          self.height = height
20 |          super.init(name: name, color: color)
21 |      }
22 |  }
23 |  let dog1 = Dog(name: "Tom", color: "黄色", weight: 12.5)
24 |  let dog2 = Dog(name: "Back", color: "黑色", weight: 11.7)
25 |  let dog3 = Dog(name: "Jack", color: "白色", weight: 13.2)
26 |  let cat1 = Cat(name: "Tony", color: "黑色", height: 0.6)
27 |  let cat2 = Cat(name: "kim", color: "白色", height: 0.75)
28 |    let animals = [dog1,dog2,dog3,cat1,cat2]
29 |  var dogCount = 0
30 |  var catCount = 0
31 |  for  item  in animals{
32 |      if  item is  Dog{
33 |          dogCount += 1
34 |      }else if  item is Cat{
35 |          catCount += 1
36 |      }
37 |  }
38 |  print("dog 的个数:\(dogCount),cat 的个数:\(catCount)")
```

输出结果：

dog 的个数：3, cat 的个数：2

在上述代码中，第 23～25 行代码创建了 3 个 Dog 实例，第 26～27 行代码创建了 2 个 Cat

实例。第 28 行代码把这 5 个实例存放在 animals 数组集合中。第 29～30 行代码定义存放 Dog 和 Cat 实例个数的变量 dogCount 和 catCount，初始化值为 0。第 31 行代码使用 for-in 遍历 animals 数组集合。在循环体的第 32 行代码中 item is Dog 表达式使用 is 操作符来判断集合中的元素是否为 Dog 类的实例，如果是，dogCount 就会加 1。同样的，第 34 行代码 item is Cat 表达式用来判断集合中的元素是否为 Cat 类的实例，如果是，catCount 就会加 1。最终的结果是 dog 的个数为 3，cat 的个数为 2。

10.6.2 类型转换

对象的类型转换，并不是指所有的类型都能互相转换。首先，对象类型转换一定发生在继承的前提下。下面我们仍然通过上一节例子介绍如何使用 as 进行类型转换。

这里我们先定义几个实例对象，示例代码如下。

```
1 |  let dog:Animals = Dog(name: "Tim", color: "白色", weight: 12.4)
2 |  let cat:Animals = Cat(name: "Tim", color: "褐色", height: 0.9)
3 |  let animal:Animals = Animals(name: "Tim", color: "黑色")
```

如果把子类对象转换为父类对象，可以直接转换，称为向上转换类型，例如示例中将 Dog 类对象转化为 Animals 对象。

如果把父类对象转换为子类对象，称为向下转换类型，例如示例中将 Animals 类的对象转化为 Dog 或 Cat 子类对象，但是这种转换类型是有风险的。在我们定义的 3 个实例对象中，从定义上可以看出 dog 本质是 Dog 的实例，但是表面是 Animals 类型，此时编译器无法判断出 dog 是哪种类型的实例。我们可以使用上一节学到的 is 操作符进行类型检测，判断它是哪种类型的实例，示例代码如下。

```
1 |  if dog is Animals{
2 |      if let  d = dog as? Dog{
3 |          print("dog is not  Animals type")
4 |      }else{
5 |          print("dog is not  Animals type")
6 |      }
```

输出结果：

```
dog is not  Animals type
```

在上述代码中，由打印结果可以得出 dog 属于 Animals 类。

如果 dog 不是 Animals 类的实例，那么转换就会失败。为了避免发生异常，我们可以使用 as? 将其转换为目标类型的可选类型，能够成功转换则转换，否则返回 nil。

下面我们使用 as? 进行向下转型，示例代码如下。

```
1 |  if dog is Animals{
2 |      if let  d = dog as? Dog{
3 |          print("dog is not  Animals type")
4 |          print("dog:name is \(d.name),color is \(d.color),weight is \(d.weight)")
5 |      }
6 |          }else{
7 |              print("dog is not  Animals type")
```

```
8 |            }
9 |    }
```

输出结果：

```
dog is not  Animals type
dog: name is Tim, color is 白色, weight is 12.4
```

在上述代码中，第 2 行代码使用 as? 操作符将 dog 实例转换为 Dog 类型，如果转换成功，则 d 不再是 Animals 类，而是 Dog 类，此时打印出 d 的名字、颜色以及体重，否则打印出 dog is not Animals type。

当确定向下转换类型一定会成功时，才可以使用强制形式 as！。当你试图向下转型为一个不正确的类型时，强制形式的类型转换会触发一个运行时错误。

10.6.3 Any 和 AnyObject 转换

Swift 还提供了两种类型表示不确定类型：AnyObject 和 Any。AnyObject 可以表示任何类的实例，而 Any 可以表示任何类型，包括类和其他数据类型，也包括 Int 和 Double 的基本数据类型。在 Swift 3 中，更多的类型或者枚举被写为结构体，AnyObject 的适用范围被削弱，所以在 Swift 3 的 API 中，许多 AnyObject 的类型被替换为 Any。

下面将上一节的示例代码修改如下。

```
1 |  let dog1 = Dog(name: "Tom", color: "黄色", weight: 12.5)
2 |  let dog2 = Dog(name: "Back", color: "黑色", weight: 11.7)
3 |  let dog3 = Dog(name: "Jack", color: "白色", weight: 13.2)
4 |  let cat1 = Cat(name: "Tony", color: "黑色", height: 0.6)
5 |  let cat2 = Cat(name: "kim", color: "白色", height: 0.75)
6 |  let animals1 :[Animals] = [dog1,dog2,dog3,cat1,cat2]
7 |  let animals2:[AnyObject] = [dog1,dog2,dog3,cat1,cat2]
8 |  let animals3:[Any] = [dog1,dog2,dog3,cat1,cat2]
9 |  for  item  in animals3{
10 |      if let dog = item as? Dog{
11 |          print("dog:name is \(dog.name),color is \(dog.color),weight is:\(dog.weight)")
12 |      }else if let cat = item as? Cat{
13 |          print("cat:name is \(cat.name),color is \(cat.color),weight is:\(cat.height)")
14 |      }
15 |  }
```

输出结果：

```
dog: name is Tom, color is 黄色, weight is: 12.5
dog: name is Back, color is 黑色, weight is: 11.7
dog: name is Jack, color is 白色, weight is: 13.2
cat: name is Tony, color is 黑色, weight is: 0.6
cat: name is kim, color is 白色, weight is: 0.75
```

在上述代码中，第 6 行代码将 5 个实例放入 Animals 类型数组中，第 7 行代码将 5 个实例放入 AnyObject 数组中，第 8 行代码将 5 个实例放入 Any 数组中。这 3 种类型的数组都可以成功放入 5 个实例，而且可以在第 9 行代码中使用 for Int 循环遍历出来，其他的类型代码不再解释。

10.7 类对象的内存管理

Swift 在内存管理方面采用了 ARC（自动引用计数）内存管理模式。Swift 中的 ARC 内存管理是对引用类型的管理，即对类创建的对象使用 ARC 管理。而对于值类型，如整型、浮点型、布尔型、字符串、元组、集合、枚举和结构体等，是由处理器自动管理的，程序员不需要管理它们的内存。ARC 内存管理和值类型内存管理有一定的区别，虽然两者都不需要程序员管理，但本质上还是有区别的。引用类型的内存分配区域是在"堆"上的，需要人为管理。而值类型内存分配取余是在"栈"上的，由处理器管理，不需要人为管理。

10.7.1 内存管理概述

每个 Swift 类创建的对象都有一个内部计数器，这个计数器跟踪对象的引用次数，称为引用计数（Reference Count，RC）。当对象被创建时，引用计数为 1，每次对象被引用时，引用计数加 1；当不需要时，对象引用断开（赋值为 nil），引用计数减 1。当对象的引用计数为 0 时，对象的内存才被释放。

在 Swift 语言中，引用包括强引用和弱引用，默认情况下创建类对象都是强引用，关于弱引用，我们会在后续章节中详细讲解。这里我们通过一个例子来学习实例对象的内存管理。

```
 1 |  class Student {
 2 |      var name : String
 3 |      var score:Int
 4 |      init(name:String,score:Int) {
 5 |          self.name = name
 6 |          self.score = score
 7 |          print("姓名:\(name),成绩:\(score)构造完成")
 8 |      }
 9 |      deinit {
10 |          print("姓名:\(name),成绩:\(score)释放完毕")
11 |      }
12 |  }
13 |  var student1 :Student?
14 |  var student2 :Student?
15 |  var student3 :Student?
16 |  student1 = Student(name: "张三", score: 89)
17 |  student2 = student1
18 |  student3 = student1
19 |  student1 = nil
20 |  print("----student1 free-------")
21 |  student2 = nil
22 |  print("----student2 free-------")
23 |  student3 = nil
24 |  print("----student3 free-------")
```

输出结果：

```
姓名: 张三, 成绩: 89 构造完成
----student1 free-------
```

```
----student2 free-------
姓名：张三，成绩：89释放完毕
----student3 free-------
```

在上述代码中，第 1 行代码声明了 Student 类，第 4 行代码定义构造器，在构造器中初始化存储属性，并在第 7 行代码中输出构造完成的信息。第 9 行代码定义析构器，并在代码第 10 行中输出析构成功信息。第 13～15 行代码声明了 3 个 Student 类型变量，分别为 student1、student2 和 student3，这里还没有创建 Student 对象分配内存空间。

第 16 行代码是真正创建 Student 对象分配内存空间，并把对象的引用分配给 student1 变量，student1 与对象建立强引用关系，强引用关系能够保证对象在内存中不被释放，此时它的引用计数是 1。第 17 行代码将对象的引用分配给 student2，student2 也与对象建立强引用关系，此时它的引用计数是 2。第 18 行代码将对象的引用分配给 student3，student3 也与对象建立强引用关系，此时它的引用计数是 3。

第 19 行代码通过 student1 = nil 语句断开 student1 对 Student 对象的引用，此时它的引用计数是 2。以此类推，student2 = nil 时它的引用计数是 1，student3 = nil 时它的引用计数是 0，当引用计数为 0 时，Student 对象被释放。

这里我们通过打印语句来判断何时调用 deinit 方法，在将 student1 设置为 nil 之后，打印 "-- student1 free---"；在将 student2 设置为 nil 之后，打印 "—student2 free---"；在将 student3 设置为 nil 之后，打印 "—student3 free---"。由程序的输出结果我们可以看出，只有在 student3 = nil 后，才会调用 deinit 方法，说明只有此时引用计数为 0，Student 对象被释放。

10.7.2　强引用循环

当两个对象的存储属性互相引用对方时，一个对象释放的前提是对方先释放，另一对象释放的前提也是对方先释放，这样就会导致类似于"死锁"的状态，最后谁都不能释放，导致内存泄漏，这种现象就是强引用循环。

这里我们定义一个 Student 学生类和 Subject 学科类。其中，Student 关联到 Subject，Subject 又关联到 Student 类。

```
 1 |  class Student {
 2 |      var name : String
 3 |      var score:Int
 4 |      init(name:String,score:Int) {
 5 |          self.name = name
 6 |          self.score = score
 7 |      }
 8 |      var subject:Subject?
 9 |      deinit {
10 |          print("姓名:\(name),成绩:\(score)释放完毕")
11 |      }
12 |  }
13 |  class Subject{
14 |      let name:String
15 |      init(name:String) {
16 |          self.name = name
```

```
17 |        }
18 |        var student:Student?
19 |        deinit {
20 |            print("学科: \(name)释放完毕")
21 |        }
22 |    }
23 |    var student:Student?
24 |    var subject:Subject?
25 |    student = Student(name: "张三", score: 89)
26 |    subject = Subject(name: "Swift")
27 |    student?.subject = subject
28 |    subject?.student = student
29 |    subject = nil
30 |    student = nil
```

在上述代码中，第 1 行代码定义了 Student 类，第 8 行代码定义 var subject:Subject?声明学生的学科属性，它的类型是 Subject 可选类型。第 10 行代码定义了学科类 Subject，第 18 行代码 var student:Student?声明了学习该学科的学生属性，它的类型是 Student 可选类型。

第 23 行代码 var student:Student?声明 Student 引用类型变量 student，第 24 行代码 var subject:Subject?声明 Subject 引用类型 subject。

第 25 行代码创建了 Student 对象并赋值给 student，student 和 Student 对象建立强引用关系，第 26 行创建了 Subject 对象并赋值给 subject，subject 和 Subject 对象建立强引用关系。但是 student 与 subject 两个对象之间并没有建立任何关系。

第 27 行代码 student?.subject = subject 将引用变量 subject 赋值给 Student 的 subject 属性，

第 28 行代码 subject?.student = student 将引用变量的 student 赋值给 Subject 的 student 属性。此时 student 与 subject 之间就建立了关系。最后两行代码通过设置 subject = nil，student = nil 断开引用关系，运行后，我们发现什么也不会打印出来，这说明 Student 对象和 Subject 对象都没有释放。这是因为 Student 对象的 subject 属性引用 Subject 对象，会使 Subject 对象不释放。同样，Subject 对象的 student 属性引用 Student 对象，也使 Student 对象不释放。

最后，Student 对象和 Subject 对象都没有被释放，这就是强引用循环，会导致内存泄漏。

10.7.3 打破强引用循环

强引用循环就像是两个人闹矛盾，每个人都顾及面子，不肯示弱，希望对方服个软，于是这场误会永远存在。如果想让误会解除，就需要让一个人主动示弱。

打破强引用循环方法与消除误会是类似的，我们在声明一个对象的属性时，要让它具有能够"主动示弱"的能力，当遇到强引用循环问题时，不保持强引用。

Swift 提供了两种方法来解决强引用循环问题：弱引用（weak reference）和无主引用（unowned reference）。

1. 弱引用

在循环引用中的一个对象不采用强引用方式引用另一个对象，这样就不会引起强引用循环问题。弱引用适合于引用对象没有值的，因为引用可以没有值，使用关键字 Weak 声明为弱引用。弱引用必须是修饰可选类型，弱引用的对象被释放时，弱引用对象的变量会为 nil。
将上一节的示例代码修改如下。

```
1 |  class Student {
2 |      var name : String
3 |      var score:Int
4 |      init(name:String,score:Int) {
5 |          self.name = name
6 |          self.score = score
7 |      }
8 |      var subject:Subject?
9 |      deinit {
10 |          print("姓名:\(name),成绩:\(score)释放完毕")
11 |      }
12 |  }
13 |  class Subject{
14 |      let name:String
15 |      init(name:String) {
16 |          self.name = name
17 |      }
18 |      weak var student:Student?
19 |      deinit {
20 |          print("学科: \(name)释放完毕")
21 |      }
22 |  }
23 |  var student:Student?
24 |  var subject:Subject?
25 |  student = Student(name: "张三", score: 89)
26 |  subject = Subject(name: "Swift")
27 |  student?.subject = subject
28 |  subject?.student = student
29 |  subject = nil
30 |  student = nil
```

输出结果：

```
姓名: 张三，成绩: 89释放完毕
学科: Swift 释放完毕
```

在上述代码中，第 18 行代码 weak var student:Student?声明了 Subject 类的属性 student，它的类型是 Student 可选类型，使用关键字 weak 声明为弱引用。第 27 行代码 student?.subject = subject 将引用变量 subject 赋值给 Student 的 subject 属性，建立强引用关系。

第 28 行代码 subject?.student = student 将引用变量的 student 赋值给 Subject 的 student 属性，建立弱引用关系。所以最后两行代码通过设置 subject = nil 和 student = nil 可以断开引用关系。由于指向 Student 对象的不是强引用，所以 Student 对象会释放，指向 Subject 对象的强引用也会被打破。Subject 对象也会释放。

2. 无主引用

无主引用与弱引用一样，允许循环引用中的一个对象不采用强引用方式引用另外一个对象，这样就不会引用强引用循环问题。无主引用用于修饰非可选类型，使用关键字 unowned。
将弱引用中的示例代码修改如下。

```
1 |  class Student {
2 |      var name : String
3 |      var score:Int
4 |      init(name:String,score:Int) {
5 |          self.name = name
6 |          self.score = score
7 |      }
8 |      var subject:Subject?
9 |      deinit {
10 |         print("姓名:\(name),成绩:\(score)释放完毕")
11 |     }
12 | }
13 | class Subject{
14 |     let    name:String
15 |     unowned var student:Student
16 |     init(name:String,student:Student) {
17 |         self.name = name
18 |         self.student = student
19 |     }
20 |     deinit {
21 |         print("学科: \(name)释放完毕")
22 |     }
23 | }
24 | var student:Student?
25 | student = Student(name: "张三", score: 89)
26 | student!.subject = Subject(name: "Swift",student: student!)
27 | student = nil
```

输出结果：

姓名：张三，成绩：89 释放完毕
学科：Swift 释放完毕

在上述代码中，我们设置的场景为：一个学生可以不选这门课，也就是 Student 类的 subject
属性可以为 nil。所以，我们将 Student 类的 subject 属性设置为可选类型。但一门学科不能没
有学生学习，也就是说在 Subject 类中的 student 属性不能为空，说明它不能是可选类型，不可
以为 nil。

第 8 行代码 var subject:Subject?声明 Student 类的属性 subject 为 Subject 可选类型。
第 15 行代码 unowned var student:Student 声明 Subject 类的属性 student 为 Student 类型的
可选类型，不能为 nil，这里使用了 unowned 关键字声明为无主引用。第 16 行代码定义
了 Subject 构造器。

第 25 行代码创建了 Student 对象 student，第 26 行代码给 Student 对象的 subject 属性赋值。
这里实例化 Subject 对象并没有像上一节一样把 Subject 对象的引用赋值给一个变量，而是直接
把 Subject 对象赋值给 Student 对象的 subject 属性。由于没有 Subject 对象的引用变量，我们不
能通过给引用变量赋值为 nil 的方式来释放对象，它的释放依赖于 Subject 对象的释放，这就是

无主引用的特点。

　　第 27 行代码 student = nil 语句断开强引用关系，由于没有指向 Student 对象的强引用，所以 Student 对象会被释放，然后强引用关系也被打破，Subject 对象被释放，所以运行结果和上弱引用代码运行结果一致。

　　代码 var subject:Subject?也可声明为如下形式。

```
var subject:Subject!
```

　　这样当我们引用 Subject 对象时，可以采用隐式拆封。隐式拆封表达式为 student！subject.name。但如果不使用隐式拆封，表达式形式是 student！subject!.name。使用可选类型隐式拆封可以使代码变得更加简洁，引用它时省略了感叹号。

10.7.4　闭包中的强引用循环

　　由于闭包本质上也是引用类型，因此也可能在闭包的上下文捕捉变量（或常量）之间出现强引用循环问题。并不是所有的捕获变量（或常量）都会发生强引用循环问题，只有将一个闭包赋值给对象的每个属性，并且这个闭包体使用了该对象，才会产生闭包强引用循环。

　　下面我们通过一个例子来了解闭包中的强引用循环，示例代码如下。

```
 1 |  class Student {
 2 |      var name : String
 3 |      var score:Int
 4 |      init(name:String,score:Int) {
 5 |          self.name = name
 6 |          self.score = score
 7 |      }
 8 |      deinit {
 9 |          print("姓名:\(name),成绩:\(score)释放完毕")
10 |      }
11 |      lazy var desc:() -> String = {
12 |          return  self.name + "成绩为:" +  String(self.score)
13 |      }
14 |      }
15 |  var student:Student?
16 |  student = Student(name: "张三", score: 89)
17 |  print(student!.desc())
18 |  student = nil
```

　　输出结果：

```
张三成绩为: 89
```

　　在上述代码中，第 11 行代码定义了 Student 等类的计算属性 desc，用来描述学生的成绩。这个计算属性的类型是一个闭包，闭包的返回值为() -> String。此时 desc 属性前面加上关键字 lazy，说明该属性是一个懒加载属性。第 12 行代码中捕获了 self，self 能够在闭包中使用，是因为该属性声明为 lazy，这表示只有当所有属性初始化完成后，self 表示的对象才能被创建。

　　第 15 代码创建一个可变的 Student 类的对象 student，第 16 行代码对 student 进行初始化。

此时为 student 开辟了一段内存空间，该对象就形成强引用。

　　第 17 行的 student!.desc()调用 desc 属性，第 18 行 student = nil 断开强引用，释放对象。从输出结果可见，析构器并没有被调用，也就是说对象没有被释放，原因是闭包与捕获对象之间发生了强引用循环。

　　那么如何才能打破闭包引起的强引用循环呢？解决闭包强引用循环问题中有两种方法：弱引用和无主引用。那么解决闭包的强引用循环，应该采用哪种方法呢？如果闭包和捕获的对象总是相互引用并且同时销毁，则将闭包内的捕获声明为无主引用。当捕获的对象可能为 nil 时，则将闭包内的捕获声明为弱引用。如果捕获的对象绝不会为 nil，则将闭包内的捕获声明为无主引用。

　　Swift 在闭包中定义了捕获列表来解决强引用循环问题，弱引用和无主引用的基本语法格式如下。

　　（1）弱引用语法格式：

```
lazy  var 闭包: <闭包参数列表> -><返回值类型> = {
[weak  捕获对象] <闭包参数列表> -> <返回值类型> in
//闭包内容
}
```

　　（2）无主引用语法格式：

```
lazy  var 闭包: <闭包参数列表> -><返回值类型> = {
[unwoned 捕获对象] <闭包参数列表> -> <返回值类型> in
//闭包内容
}
```

　　上述语法格式定义了弱引用和无主引用这两种打破闭包强引用循环的写法。其中语法中第 1 行闭包对应的<闭包参数列表>和<返回值类型>与第 2 行对应的<闭包参数列表>和<返回值类型>分别是一一对应的。除此之外，如果没有参数的捕获列表，可以省略基本语法格式，写法如下。

　　（1）弱引用语法格式：

```
lazy  var 闭包: () -><返回值类型> = {
[weak  捕获对象]  in
//闭包内容
}
```

　　（2）无主引用语法格式：

```
lazy  var 闭包: () -><返回值类型> = {
[unwoned 捕获对象]  in
//闭包内容
}
```

　　这里我们只保留 in，Swift 编译器会通过上下文推断出参数列表和返回值类型。

　　下面我们来解决示例中的闭包的强引用循环，示例代码如下。

```
1 |  class Student {
```

```
 2 |      var name : String
 3 |      var score:Int
 4 |      init(name:String,score:Int) {
 5 |          self.name = name
 6 |          self.score = score
 7 |      }
 8 |      deinit {
 9 |          print("姓名:\(name),成绩:\(score)释放完毕")
10 |      }
11 |      lazy var desc:() -> String = {
12 |          [weak self] () -> String  in
13 |          return  self!.name + "成绩为:" +  String(self!.score)
14 |      }
15 |      }
16 |      var student:Student?
17 |      student = Student(name: "张三", score: 89)
18 |      print(student!.desc())
19 |      student = nil
```

在上述代码中，第 12 行代码修改为[weak self] () -> String in，这里我们采用的捕获列表是弱引用，因为捕获对象是 self，也就是 Student 实例对象 student 本身，所以这里采用弱引用来解决闭包中的强引用循环。针对闭包中强引用循环，我们要根据具体的情况选择具体的解决方法。

10.8 本章小结

通过对本章内容的学习，我们了解了 Swift 语言中类的基本概念以及类和结构体的区别，对类的属性方法也有进一步的认识。此外，我们学习了类的继承和多态，以及类的构造和析构。最后，我们学习了类的类型检测和类型转换，以及类对象的内存管理。

10.9 思考练习

定义一个 Person 类，声明姓名和年龄属性，定义 Student 类，继承 Person 类，在 Student 类增加学号属性，并实现打印学生信息的实例方法。

第 11 章　协议与抽象类型

11.1　协议

在实际的项目开发中，我们经常会遇到这样一些问题：一些类的方法所执行的内容是无法确定的，只能等到它的子类中才能确定下来。例如，每个动物会发出自己的叫声，我们可以为动物类定义一个 Voice 方法，但不同的动物发出的叫声不同。只有在它的子类 Dog 类中，我们才能确定如何实现狗的 Voice 方法。

协议就是定义了一个方法的蓝图，包括属性和其他适合特定任务或功能的要求。协议实际上并不能实现这些要求，它只是描述了实现会是什么样子。协议可以通过一个类，结构或枚举提供这些要求的具体实现。满足要求的任何类型的协议都是符合协议。

也就是说，协议是高度抽象的，它只规定抽象方法名、参数列表和返回值等信息，不给出具体的实现。在 Swift 中，这种抽象方法由遵守该协议的"遵守者"具体实现的过程称为遵守协议。协议也可以像类的继承一样实现协议的继承。

11.1.1　声明和遵守协议

在 Swift 中，类、结构体和枚举类型可以声明遵守某个协议，并提供该协议所要求的属性和方法。协议定义语法格式如下所示。

```
protocol 协议名 {
  // 协议内容
}
```

在声明遵守协议时，语法格式如下所示。

```
类型 类型名 : 协议 1, 协议 2 {
  // 遵守协议
}
```

其中，类型包括 class、struct 和 enmu，类型名是我们自己定义的，冒号后面是需要的协议。当要遵守多个协议时，各协议之间用逗号隔开。

如果一个类在继承父类的同时也要遵守协议，应当把父类放在所有的协议之前，语法格式如下所示。

```
class 类名 : 父类, 协议 1, 协议 2 {
  // 遵守协议
}
```

只有类的定义会存在父类和协议混合声明，结构体和枚举是没有父类型的。

具体而言，协议可以要求其遵守者提供实例属性、静态属性、实例方法和静态方法等内容的实现。下面我们介绍协议中常见的方法和属性。

11.1.2 协议属性

协议可以要求其遵守者实现某些指定属性，包括实例属性和静态属性，在具体定义时，每一种属性都可以有只读和读写之分。对于遵守者而言，实现属性是非常灵活的。无论是存储属性，还是计算属性，只要能满足协议属性的要求，可以通过编译。甚至是协议中只规定了只读属性，而遵守者提供了对该属性的读写实现，也是被允许的，因为遵守者满足了协议的只读属性要求。协议只规定了遵守者必须要做的事情，没有规定不能做的事情。

1. 实例协议属性

下面先看实例协议属性定义与实现，示例代码如下。

```
1 |  protocol AnimalsProtocol {
2 |      var name:String{get  set}
3 |      var color:String{get}
4 |  }
5 |  class Dog : AnimalsProtocol {
6 |      var weight:Float = 10.7
7 |      var name: String = "Tom"
8 |      var color: String{
9 |          get{
10 |              return self.name
11 |          }
12 |          set{
13 |              self.name = "01" + newValue
14 |          }
15 |      }
16 |  }
```

在上述代码中，第 1 行代码定义协议 AnimalsProtocol，在该协议中声明了 name 和 color 两个属性，其中，第 2 行代码定义的 name 属性使用 get 和 set 关键字，说明它是可读写的。与普通计算属性相比，getter 和 setter 访问器没有大括号，没有具体实现。第 3 行代码定义的 color 属性使用 get 关键字，说明它是只读的，第 5 行代码定义 Dog 类，它被要求遵守 AnimalsProtocol 协议，因此需要实现 Person 协议规定的 2 个属性。其中，第 7 行代码实现 name 属性，它事实上实现了 Person 协议中的 var name:String{get set}属性规定，我们不能为 name 属性赋值的，也无法获得 name 属性值。

第 8 行代码的 color 属性是计算属性，它实现了 AnimalsProtocol 协议中的 var color:String{get}属性规定。计算属性 color 除了要通过定义 getter 访问器实现 AnimalsProtocol

协议只读属性规定外，还定义了 setter 访问器。AnimalsProtocol 协议对此没有规定。

2. 静态协议属性

定义静态属性与在协议中定义静态属性类似，属性前面要添加 static 关键字，下面我们通过一个例子学习静态协议属性。

```
1 |  protocol AnimalsProtocol {
2 |      static var  name:String{get}
3 |  }
4 |  class Dog:AnimalsProtocol{
5 |      static var name:String {
6 |          return "dog"
7 |      }
8 |  }
9 |  struct Cat:AnimalsProtocol {
10 |      static var name: String{
11 |          return "cat"
12 |      }
13 |  }
14 |  enum Monkey:AnimalsProtocol {
15 |      static var name: String{
16 |          return "monkey"
17 |      }
18 |  }
```

在上述代码中，第 1 行代码定义了 AnimalsProtocol 协议，第 2 行代码声明了协议的静态属性 name，这里需要加上关键字 static。第 4 行代码定义 Dog 类，它遵守 AnimalsProtocol 协议，第 5 行代码具体实现静态协议属性 name，注意，属性前面的关键字只能是 class。

第 9 行代码定义 Cat 结构体，它遵守 AnimalsProtocol 协议，第 10 行代码实现静态协议属性 name，注意，属性前面的关键字只能是 static。

第 14 行代码定义 Monkey 枚举，它遵守 AnimalsProtocol 协议，第 15 行代码实现静态协议属性 name，注意，属性前面的关键字只能是 static。

11.1.3　协议方法

协议可以要求其遵守者实现某些指定方法，包括实例方法和静态方法。这些方法在协议中被定义，协议方法与普通方法类似，但不支持变长参数和默认参数，也不需要大括号和方法体。这里我们主要介绍协议中常用的实例协议方法和 mutating 方法。

1. 实例协议方法

下面我们来看实例协议方法定义与实现，示例代码如下。

```
1 |  protocol AnimalsProtocol {
2 |      func voice()
3 |  }
4 |  class Dog:AnimalsProtocol{
5 |      func voice() {
6 |          print("汪汪!!!")
```

```
7 |        }
8 |    }
9 |  class  Cat:AnimalsProtocol {
10 |      func voice() {
11 |          print("喵喵!!!")
12 |      }
13 |  }
14 |  let dog:AnimalsProtocol = Dog()
15 |  dog.voice()
16 |  let cat:AnimalsProtocol = Cat()
17 |  cat.voice()
```

在上述代码中，第 1 行代码定义了协议 AnimalsProtocol，第 2 行代码定义动物叫声的 Voice 方法。从第 2 行代码中可见，只有方法的声明，没有具体实现（没有大括号和方法体）。

第 4 行代码定义类 Dog 类，遵守 AnimalsProtocol 协议，它实现了 AnimalsProtocol 协议规定的 voice 方法，我们这里简单地实现了该方法，只打印了狗的叫声。

第 9 行代码定义类 Cat 类，同样遵守 AnimalsProtocol 协议，它实现了 AnimalsProtocol 协议规定的 voice 方法，我们这里简单地实现了该方法，在这里只打印了猫的叫声。

第 14 行代码创建 Dog 实例，但是声明类型为 Dog，我们可以把协议作为类型使用，dog 即便是 AnimalsProtocol 类型，本质上还是 Dog 实例。在第 15 行代码调用 voice 方法时，输出结果是"汪汪!!!"。类似地，第 16 行代码创建的 Cat 实例，第 17 行代码调用 voice 方法，打印出"喵喵!!!"。

2. mutating 方法

在结构体和枚举类型中可以定义 mutating 方法，而在类中没有这种方法。原因是结构体和枚举类型中的属性是不可以修改的，通过定义 mutating 方法，可以在 mutating 方法中修改这些属性。而类是引用类型，不需要 mutating 方法就可以修改它的属性。

在协议中定义 mutating 方法，是为了兼容类、结构体和枚举。类实现 mutating 方法时，前面不需要关键字 mutating；而结构体和枚举实现 mutating 方法时，前面需要加关键字 mutating，示例代码如下。

```
1 |  protocol VoiceProtocol {
2 |      mutating  func voice()
3 |  }
4 |  class Dog:VoiceProtocol{
5 |      var name = "狗"
6 |      func voice() {
7 |          print("汪汪!! ")
8 |          self.name = "Tom"
9 |      }
10 |  }
11 |  struct  Cat:VoiceProtocol {
12 |      var name = "猫"
13 |      mutating  func voice() {
14 |          print("喵喵!!!")
15 |          self.name = "Kit"
```

```
16 |        }
17 |      }
18 | enum Monkey:VoiceProtocol {
19 |    case  XingXing,MeiHouWang
20 |    mutating  func voice() {
21 |        print("呵呵!!!")
22 |        self = .XingXing
23 |    }
24 |   }
25 | var dog:Dog = Dog()
26 | dog.voice()
27 | var cat:Cat = Cat()
28 | cat.voice()
29 | var monkey:Monkey = Monkey.XingXing
30 | monkey.voice()
```

输出结果:

```
汪汪!!
喵喵!!!
呵呵!!!
```

在上述代码中,第 1 行代码定义 VoiceProtocol 协议,第 2 行代码声明协议变 mutating 方法 voice,注意在方法前面添加关键字 mutating。

第 4 行代码定义类 Dog,它遵守 VoiceProtocol 协议。第 5 行代码实现 mutating 方法 voice,由于是类遵守该协议,方法前不需要添加关键字 mutating。第 8 行代码修改当前实例的 name 属性,在类中,这种修改是允许的。

第 11 行代码定义结构体 Cat,它遵守 VoiceProtocol 协议。第 13 行代码实现 mutating 方法 voice,方法前需要添加关键字 mutating。第 15 行代码修改当前实例的 name 属性,在结构体中修改属性的方法必须是变异的,如果我们尝试去掉关键字 mutating 协议,会发生编译错误。

第 18 行代码定义枚举 Monkey,它遵守 VoiceProtocol 协议。第 20 行代码实现 mutating 方法 voice,方法前需要添加关键字 mutating。第 22 行代码修改当前实例的 name 属性,在结构体中修改属性的方法必须是 mutating 的,否则会发生编译错误。

11.2 抽象类型

虽然协议没有具体的实现代码,不能被实例化,但它的存在就是为了规范其他类型要遵守它。协议可以作为数据类型给使用者,看作是一种抽象类型。协议可以作为函数、方法以及构造器的参数类型和返回值类型,同时也可以作为常量、变量或属性的类型,以及作为数组和字典或其他集合元素的类型。

在 Swift 中,协议是作为数据类型使用的,它可以出现在任意允许其他数据类型出现的地方,具体情况请参见如下示例代码。

```
1 | protocol RandomNumberGenerator {
2 |    func random() -> Double
3 | }
```

```
 4 |   class LinearCongruentialGenerator: RandomNumberGenerator {
 5 |       var lastRandom = 42.0
 6 |       let m = 139968.0
 7 |       let a = 3877.0
 8 |       let c = 29573.0
 9 |       func random() -> Double {
10 |           lastRandom = ((lastRandom * a + c).truncatingRemainder(dividingBy:m))
11 |           return lastRandom / m
12 |       }
13 |   }
14 |   class Dice {
15 |       let sides: Int
16 |       let generator: RandomNumberGenerator
17 |       init(sides: Int, generator: RandomNumberGenerator) {
18 |           self.sides = sides
19 |           self.generator = generator
20 |       }
21 |       func roll() -> Int {
22 |           return Int(generator.random()* Double(sides)) + 1
23 |       }
24 |   }
25 |   var d6 = Dice(sides: 6, generator: LinearCongruentialGenerator())
26 |   for _ in 1...5 {
27 |       print("Random dice roll is \(d6.roll())")
28 |   }
```

输出结果：

```
Random dice roll is 3
Random dice roll is 5
Random dice roll is 4
Random dice roll is 5
Random dice roll is 4
```

在上述代码中，第 1 行代码定义了 RandomNumberGenerator 协议，在协议里定义了 random 方法，该方法没有参数，返回一个 Double 类型的数据。第 4 行代码定义了 LinearCongruential Generato 类遵守 RandomNumberGenerator 协议，在该类中，第 5 行代码定义了一个变量，表示随机数。第 6～8 行代码定义了 3 个浮点型常量。第 9 行代码实现了 RandomNumberGenerator 协议中的方法，该方法实现生成一个随机数。

第 14 行代码定义了 Dice 类，代表了一个在棋盘游戏中使用的多面骰子，Dice 实例有一个叫 sides 的整型属性，代表骰子有多少面；另一个叫 generator 的属性，提供了在创建骰子滚动值的一个随机数字生成器，generator 属性是 RandomNumberGenerator 属性。第 17 行代码定义了构造器来初始化 Dice 实例，初始化参数中 generator 是 RandomNumberGenerator 类型。当初始化一个新的 Dice 实例，我们可以传递一个任何符合输入该参数的值。

第 21 行代码中，Dice 类创建了名为 roll 的实例方法，其返回一个整数值，范围在 1 和 Dice 的属性 sides 之间。此方法调用生成器的 random 方法创建一个在 0.0 到 1.0 之间的随机数字，并且使用这个随机数去创建一个在正确范围内的骰子滚动值。因为 generator 引用 RandomNumber Generator，其保证有一个 random 方法调用。

第 25 行代码创建了 Dice 类的实例 d6，表示创建六面骰子并使用 LinearCongruential

Generator 实例作为随机数生成器。第 26 行代码通过 for-in 循环，在第 27 行代码通过 d6 调用实例方法 roll，并打印出骰子上显示的数字。

上述例子中我们只遵守了一个协议，如果多个协议合成一个整体，也可以作为一种类型使用。首先，要有一个类型在声明时遵守多个协议。下面我们定义了 Named 和 Aged 协议统一构成一个合成协议，Animals 遵守这个合成协议，示例代码如下。

```
 1 |  protocol Named {
 2 |      var name: String { get }
 3 |  }
 4 |  protocol Aged {
 5 |      var age: Int { get }
 6 |  }
 7 |  class Animals: Named, Aged {
 8 |      var name: String = "Tom"
 9 |      var age: Int = 3
10 |      }
11 |      func descAnimalInfo(info: protocol<Named, Aged>) {
12 |          print("动物的名字:\(info.name),年龄:\(info.age)岁")
13 |      }
14 |  let animalInfo = Animals()
15 |  descAnimalInfo(info: animalInfo)
```

输出结果：

动物的名字：Tom 年龄: 3 岁

在上述代码中，第 1～3 行代码定义了 Name 协议，只有一个可读类型的 String 类型的 name 属性，第 4 行代码定义了 Aged 协议，也只有一个可读类型的 String 类型的 age。第 7 行代码定义了一个 Animals 类遵守合成协议 Named 和 Aged 协议。第 11 行代码定义一个描述动物信息的方法 descAnimalInfo，传入一个参数名为 info 的参数，该参数的类型是合成协议类型。第 14 行代码创建了 Animals 类的实例 animalInfo，第 15 行代码调用描述动物信息方法 descAnimalInfo。

把协议作为类型使用，与其他类型没有区别，不仅可以使用 as 操作符进行类型转换，还可以使用 is 操作符进行类型检查。除了不能实例化之外，协议可以像其他类型一样使用。

11.3 扩展中声明协议

在第 9 章结构体中，我们在学习扩展时提到可以在扩展中声明遵守某个协议，语法格式如下。

```
extension 类型名: 协议 1, 协议 2{
 //协议内容
}
```

下面我们通过一个示例来学习如何在扩展中声明协议，这里我们以 Animals 类为例。

```
 1 |  protocol Weighted {
 2 |      func getWeight() -> Double
 3 |  }
```

```
4 |   class Animals {
5 |       var name: String = "Tom"
6 |       var age: Int = 3
7 |       }
8 |       extension Animals:Weighted{
9 |           func getWeight() -> Double {
10 |              return  15.8
11 |          }
12 |      }
13 |  let animalInfo = Animals()
14 |  print("动物的体重:\(animalInfo.getWeight())")
```

输出结果：

动物的体重15.8

在上述代码中，第 1~3 行代码定义了 Weighted 协议，第 4 行代码定义了 Animals 类，第 8 行代码定义了 Animals 类扩展，同时遵守 Weighted 协议。第 9 行代码定义了获取动物体重的方法 getWeight，返回动物的体重。第 13 行代码创建 Animals 实例，第 14 行代码调用 getWeight 方法，并打印出动物的体重。

11.4　本章小结

本章我们主要向大家介绍了协议与抽象类型，了解如何声明和遵守一个协议，以及协议的属性和方法。最后，我们学习了把协议看作一种数据类型和抽象协议，以及在扩展中声明协议。

11.5　思考练习

1．协议有什么作用？
2．编写一个程序，包括协议、父类和子类。

第三部分

错误处理篇

第 12 章　错误处理

第 12 章　错误处理

错误处理是响应错误以及从错误中返回的过程，Swift 提供错误支持，包括错误的抛出、捕获、传递和操作。

在 iOS 开发中，一些函数和方法不能保证执行完所有的代码后都产生有用的输出，此时可以使用可选类型。可选类型可以用来表示值缺失，但是当某个操作失败时，最好能得知失败的原因，从而可以做出正确的处理。

12.1　错误抛出

在 Swift 中，错误用符合 ErrorType 协议的值表示，这是一个空的协议，表明这个类型可以用作错误处理。Swift 枚举特别适合把一系列相关的错误组合在一起，同时把一些相关的值和错误关联在一起，因此，编译器会为实现 ErrorType 协议的 Swift 枚举类型自动实现相应的合成。

操作自动贩卖机可能出现的错误，示例代码如下。

```
1 |   enum VendingMachineError: ErrorProtocol   {
2 |   case invalidSelection
3 |   case insufficientFunds(coinsNeeded: Int)
4 |   case outOfStock
5 |   }
```

在上述代码中，我们定义了一个枚举类型的 VendingMachineError 遵守 ErrorProtocol 协议，表示可能出现错误的情况。其中，invalidSelection 表示请求的物品不存在；insufficientFunds 表示请求的物品的价格高于已投入的金额；Int 类型的数据 coinsNeeded 表示还需要多少钱来完成这次交易；outOfStock 表示请求的物品已经卖完。

抛出一个错误，是指意想不到的事情发生，执行的正常流程无法继续，我们可以使用 throw 语句抛出一个错误，示例代码如下。

```
throw VendingMachineError.insufficientFunds(coinsNeeded: 5)
```

上述代码抛出 insufficientFunds 错误，表示请求的物品的价格高于已投入的金额，传入参数 5 表示还需要 5 个硬币才能完成此次交易。

错误抛出通过在函数或方法声明的参数上加 throw 关键字，表明这个函数或方法可以抛出错误。如果指定一个有返回值的函数或方法，可以把 throw 关键字放在表示返回箭头的前面，语法格式如下。

```
func myMethodReturnInt() throw -> Double
```

无返回值时抛出异常，语法格式如下。

```
func myMethodReturnInt() throw
```

下面我们通过贩卖机出现异常的例子来学习 throw 的用法，示例代码如下。

```
 1 | struct Item {
 2 |     var price:   Int
 3 |     var count:   Int
 4 | }
 5 | class VendingMachine {
 6 |     var inventory = ["Candy Bar": Item(price: 12, count: 7),"Chips": Item(price: 10, count:
4),"Pretzels": Item(price: 7, count: 11)]
 7 |     var coinsDeposited = 0
 8 |     func vend(itemNamed name:   String  ) throws {
 9 |     guard let item = inventory[name] else {
10 |         throw VendingMachineError.invalidSelection
11 |     }
12 |     guard item.count > 0 else {
13 |         throw VendingMachineError.outOfStock
14 |     }
15 |     guard item.price <= coinsDeposited else {
16 |         throw VendingMachineError.insufficientFunds(coinsNeeded: item.price - coinsDeposited)
17 |     }
18 |     coinsDeposited -= item.price
19 |     var newItem = item
20 |     newItem.count -= 1
21 |     inventory[name] = newItem
22 |     print("Dispensing \(name)")
23 |     }
24 |     }
```

在上述代码中，第 1 行代码中的 Item 结构体包含 price 和 count 两个成员变量。第 6 行代码定义了结构体类型的 inventory，表示物品的价格和数量。第 7 行代码定义可以支付的金额为 0。第 8 行代码定义 vend(itemNamed:)表示如果贩卖机请求的物品不存在或者卖完了、超出投入金额，该方法就会抛出异常。

第 9 行代码 guard 语句用来绑定 item 常量和 count 变量到库存中对应的值。第 10 行代码表示如果物品不在库存中，将会抛出 invalidSelection 错误。物品是否可获取由物品的剩余数量决定，第 12 行代码的 guard 语句表示如果物品的 count 值小于等于 0，将会抛出 outOfStock 错误。最后，把请求物品的价格和已经投入的金额进行比较，第 15～21 行代码表示如果投入的金额大于物品的价格，将会从投入的金额中减去物品的价格，库存中该物品的数量减小 1，然后返回请求的物品。否则，将会计算还需要多少钱，然后把这个值作为 insufficientFunds 错误的关联值。因为 throw 语句会马上改变程序流程，当所有的购买条件（物品存在，库存足够以及投入的金额足够）都满足时，物品才回出售。

　　当调用一个抛出函数时，在调用前面加上 try 关键字，表明函数可以抛出错误，而且在 try 后面的代码将不会执行，示例代码如下。

```
1 |   let favoriteSnacks = ["Alice": "Chips",
2 |   "Bob": "Licorice","Eve": "Pretzels",]
3 |   func buyFavoriteSnack(person: String, vendingMachine:  VendingMachine ) throws {
4 |       let snackName = favoriteSnacks[person] ?? "Candy Bar"
5 |       try vendingMachine.vend(itemNamed: snackName)
6 |   }
```

　　buyFavoriteSnack 函数用于查找某个人最喜欢的零食，然后尝试买给他。如果列表中没有这个人喜欢的零食，就会购买"Candy Bar"，这个函数就会调用 vendingMachine 类的 vend 函数，vend 函数会抛出错误。在 vendingMachine.vend 前面加上关键字 try，是因为 buyFavoriteSnack 函数也是一个抛出函数，所以 vend 函数抛出的任何错误都会向上传递到 buyFavoriteSnack 被调用的地方。

12.2　错误的捕捉和处理

　　在 Swift 中，调用抛出方法需要明确的错误处理。使用 do-catch 机制来获取和处理异常，语法格式如下。

```
do {
    try expression
    statements
} catch pattern 1 {
    statements
} catch pattern 2 where condition {
    statements
}
```

　　如果一个错误被抛出，这个错误会被传递到外部域，直到被 catch 分句处理。一个 catch 分句包含一个 catch 关键字，后接一个 pattern 来匹配错误和相应的执行语句。类似于 switch 语句，编译器会检查 catch 分句能否处理全部的错误。如果能够处理所有错误情况，就认为这个错误被完全处理。否则，包含这个抛出函数的所在域就要处理这个错误，或者包含这个抛出函数的函数也要用 throws 声明。为了保证错误被处理，用一个带有 pattern 的 catch 分句匹配所有的错误，如果一个 catch 分句没有指定样式，这个分句会匹配并且绑定任何错误到一个本地 error 常量。示例代码如下。

```
 1 |   var vendingMachine = VendingMachine()
 2 |   vendingMachine.coinsDeposited = 8
 3 |   do {
 4 |       try buyFavoriteSnack(person: "Alice", vendingMachine: vendingMachine)
 5 |   } catch VendingMachineError.invalidSelection {
 6 |       print("Invalid Selection.")
 7 |   } catch VendingMachineError.outOfStock {
 8 |       print("Out of Stock.")
 9 |   } catch VendingMachineError.insufficientFunds(let coinsNeeded) {
10 |       print("Insufficient funds. Please insert an additional \(coinsNeeded) coins.")
```

```
11 |  }
```

在上述代码中，buyFavoriteSnack(person:, vendingMachine:)函数在 try 表达式中被调用，因为这个函数会抛出错误。如果抛出了错误，程序执行流程马上转到 catch 分局，在 catch 分句中确定错误传递是否继续传送，如果没有抛出错误，将会执行 do 中剩余的语句。

12.3 错误与可选值

在 Swift 中，我们可以通过 try? 改变抛出的表达来返回一个可选类型的值来处理问题，判断它的值是否为 nil，示例代码如下。

```
 1 |  func someThrowingFunction() throws ->  Int {
 2 |      // ...
 3 |  }
 4 |  let x = try? someThrowingFunction()
 5 |
 6 |  let y:  a Int
 7 |  do {
 8 |      y = try someThrowingFunction()
 9 |  } catch {
10 |      y = nil
11 |  }
```

在上述代码中，如果 someThrowingFunction()方法出现错误，那么 x 和 y 的值都为 nil，否则，x 和 y 的值就是函数的返回值。x 和 y 是 someThrowing()方法返回的、可选的。这里的函数返回一个整数，所以 x 和 y 是可选的整数。

12.4 拦截错误传导

在运行时，有几种情况抛出函数，但事实上是不会抛出错误的。在这几种情况下，可以通过 try! 来调用抛出函数或方法禁止错误传送，并且在运行时将调用包装断言，这样就不会抛出错误。如果真的抛出了，会触发运行时如下错误。

```
let photo = try! loadImage(atPath: "./Resources/John Appleseed.jpg")
```

12.5 收尾操作

在 Swift 中，使用 defer 语句在即将离开当前代码时执行一系列语句，该语句可以执行一些收尾操作，也就是清理工作。而且 defer 语句把执行推迟到当前作用域退出之前，该语句由 defer 关键字和要被延迟执行的语句组成。延迟执行的语句不能包含任何控制转移语句，例如 break 或 return 语句，或者通过抛出一个异常。延迟操作的执行顺序和它们的定义顺序相反，也就是说，在第一个语句的 defer 语句中的代码在第二个 defer 语句的代码之后执行。示例代码如下。

```
 1 |  func processFile(filename:  a href="" String /a ) throws {
 2 |      if exists(filename) {
 3 |          let file = open(filename)
 4 |          defer {
 5 |              close(file)
 6 |          }
 7 |          while let line = try file.readline() {
 8 |              // Work with the file.
 9 |          }
10 |          // close(file) is called here, at the end of the scope.
11 |      }
12 |  }
```

上述代码使用 defer 语句来保证 open 有对应的 close，这个调用不管是否有抛出都会被执行。

12.6　本章小结

本章主要向大家介绍 Swift 的错误处理。

12.7　思考练习

如何捕捉错误以及对错误进行处理？

第四部分

Swift 与 Objective-C 对比篇

第 13 章　Swift 与 Objective-C

目前，Swift 语言越来越受到广大 iOS 程序员的欢迎，而在此之前已有的类库大都是采用 Objective-C 语言编写。本章将我们来讲解如何在 Swift 工程中调用已写好的 Objective-C 代码。

13.1　Swift 与 Objective-C 对比

在苹果的 Swift 语言出现之前，开发 iOS 或 Mac OS X 应用主要使用 Objective-C 语言，还可以使用 C 和 C++语言，但是 UI 部分只能使用 Objective-C 语言。Swift 语言出现后，iOS 程序员有了更多的选择。在苹果社区，Swift 和 Objective-C 的讨论也越来越多。Swift 意味着"迅速、敏捷"，正如它的名字一样，它能加快应用程序的开发速度，并且同 Objective-C、C 语言更好地协作。同时，Swift 和脚本语言一样非常富有表现力，能让人们更自然地对它进行阅读和编写。

我们在前面的章节中主要学习了 Swift 语言，接下来介绍如何在 Swift 项目中调用 Objective-C 代码。

13.2　Swift 工程中调用 Objective-C

Swift 调用 Objective-C 需要一个名为"<工程名>-Bridging-Header.h"的桥接头文件，桥接头文件的作用是为 Swift 调用 Objective-C 对象搭建一个连接，它的命名形式必须是"<工程名>-Bridging-Header.h"，我们需要在桥接头文件中引入 Objective-C 头文件，而且桥接头文件是需要管理和维护的。

1. 创建 Swift 的 iOS 工程

我们首先创建一个基于 Swift 的 iOS 工程。关于如何创建一个基于 Swift 的 iOS 工程，在第 1 章已经详细讲解，在此不再赘述。

2. 在 Swift 工程中添加 Objective-C 类

创建了 Swift 的工程后，当要调用其他 Objective-C 类来实现某些功能时，我们需要添加 Objective-C 类到 Swift 工程中。具体过程是：右击"Hello World"组；然后选择菜单中的"New

Fiew…",此时会弹出新建文件模块对话框,在其中选择顺序"OS X->Source->Cocoa Class"。接着单击"Next"按钮,在 Class 中输入"OCPerson",在 Language 中选择"Objective-C",其他的选项默认值就可以了。

相关选项设置完成后,单击"Next"按钮,进入保存文件界面,根据提示选择存放文件的位置,然后单击"Create",会弹出如图 13-1 所示的提示框。

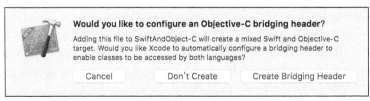

图 13-1 提示框

选择"Creat Bridging Header",就实现了创建 Objective-C 类 OCPerson 类。只有在 Swift 工程中第一次导入 Objective-C 类会出现图 13-1 的提示框,之后再添加 Objective-C 类不会再出现该提示信息。此时,Xcode 会自动生成 SwiftAndObject-C-Bridging-Header.h 文件,如图 13-2 所示。在该文件中导入需要调用的 Objective-C 项目的头文件,在该示例中添加#import "OCPerson.h",表示在 Swift 类中可以调用 OCPerson 类。

如果我们要添加已经写好的 Objective-C 类,首先要选中项目名,右击"Add Files to SwiftAndObject-C",如图 13-3 所示,然后添加我们需要的 Objective-C 类。

图 13-2 自动生成文件

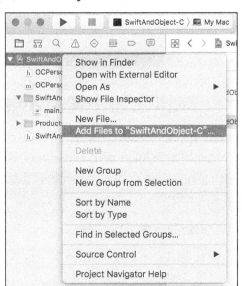

图 13-3 添加 Objective-C 类

3. Swift 调用 Objective-C 代码

在 Swift 工程 SwiftAndObject-C 中完成添加 Objective-C 类和 OCPerson 类,现在我们来学

习如何在 Swift 类中调用 Objective-C 的代码，示例代码如下。

OCPerson.h 中的代码为：

```
1 |  - (NSString*)personName:(NSString*)name withID:(NSString*)ID;
```

OCPerson.m 中的代码为：

```
1 |  - (NSString*)personName:(NSString*)name withID:(NSString*)ID{
2 |      NSString *str = [NSString stringWithFormat:@"%@,%@",name,ID];
3 |      return  str;
4 |  }
```

在 Swift 文件 main.swift 调用 OCPerson 类的示例代码如下。

```
1 |  import Foundation
2 |  var person = OCPerson()
3 |  print(person.personName("张三", withID: "1001"))
```

输出结果：

```
张三, 1001
```

13.3　本章小结

通过对本章内容的学习，我们了解了如何从 Swift 工程中调用 Objective-C 代码。

13.4　思考练习

编写一个 Swift 工程，实现在 Swift 工程中调用 Objective-C 代码。

第14章 链式编程

链式编程虽然很少见，但是在某些场合，如果能够巧妙地利用链式编程，不仅可以提高开发效率，而且会使代码更加清晰直观。

14.1 链式编程

链式编程的思想是将多个操作（多行代码）通过点号连接在一起，使之成为一句代码，使代码的可读性更好，例如 a（1）.b（2）.c（3）。

链式编程的特点是方法的返回值是闭包，闭包必须有返回值（本身对象）和闭包参数（需要操作的值）。它的主要代表在 Swift 中是 SnapKit 框架，在 OC 中是 masonry 框架。

下面我们通过一个生活中的例子来学习链式编程，用链式编程的思想实现"妈妈去菜市场买蔬菜"。

首先，我们用常规的方法来实现"妈妈去菜市场买蔬菜"。

新建一个 Person 类，在 Person.swift 中创建 3 个方法，没有返回值，示例代码如下。

```
1 |  func people(){
2 |      print("妈妈")
3 |  }
4 |  //去哪里
5 |  func where(){
6 |      print("去菜市场")
7 |  }
8 |  //买东西
9 |  func buyVegetable(){
10 |      print("买蔬菜")
11 |  }
```

在 ViewController.swift 调用如下代码。

```
1 |  let p = Person()
2 |  p.people()
3 |  p.where()
4 |  p. buyVegetable ()
```

输出结果：

妈妈

去菜市场
买蔬菜

在这里我们看到，如果需要调用很多方法，在调用时就需要写很多行代码，这样显然不是很方便。此时，我们可以使用链式编程这种简单清晰的调用方法。

和上述代码一样，我们仍然需要在 Person.swift 类创建 3 个方法。

```
1 |  func people(name:String) -> Person {
2 |      print("我的\(name)")
3 |      return self
4 |  }
5 |  func where() -> Person {
6 |      print("去菜市场")
7 |      return self
8 |  }
9 |  func buyVegetables(buyVege:String)->Person{
10 |     print("买:\(buyVege)")
11 |     return self
12 | }
```

在 ViewController.swift 中调用如下代码。

```
1 |  p.people("妈妈").where().buyVegetables("蔬菜")
```

输出结果：

我的妈妈
去菜市场
买: 蔬菜

这样就实现了简单的链式调用，通过点来调用方法。以后在编程中如果需要调用很多常规方法，不妨可以使用链式编程的思想，这样会使我们的代码更加易读，使用起来更方便。

14.2　链式编程的应用

在初步认识了链式编程后，我们来看 Swift 中链式编程代表 SnapKit。SnapKit 是 Masonry 的 Swift 版，类似于 StoryBoard 中 constriants 的表示方法，SnapKit 的作用是写 constraints。下面我们通过一个简单布局的例子来学习如何使用 SnapKit 实现链式编程。

用 SnapKit 实现一个 view 在 superview 里居中，然后每条边留出 10 像素的空白示例代码如下。

```
1 |  view1.snp_makeConstraints { (make) -> Void in
2 |      make.top.equalTo(superview).offset(10)
3 |      make.left.equalTo(superview).offset(10)
4 |      make.bottom.equalTo(superview).offset(-10)
5 |      make.right.equalTo(superview).offset(-10)
6 |  }
```

在上述代码中，snp_makeConstraints 为控件设置布局，把控件所有约束保存到约束制造者中。第 2 行代码实现了 view 在 supView 顶部距离 10 像素（pt）。顶部和左侧 view 在 supView 的间距为正值，底部和右侧 view 在 supView 的间距为负值，所以第 4 行代码中的间距值为-10。

但这还不是最简单的，还有更简单的写法，示例代码如下。

```
1 | view1.snp_makeConstraints { (make) -> Void in
2 | make.edges.equalTo(superview).insets(UIEdgeInsetsMake(10, 10, 10, 10))}
```

这样就实现了将一个 view 在 superview 里居中，且每条边留出 10 像素的空白。

接下来看如何用链式编程思想实现一个按钮的布局。

在开始编写代码之前，我们先导入 SnapKit 第三方框架。首先，创建一个显示篮球的按钮，示例代码如下。

```
1 | lazy var basketballBtn: UIButton = {
2 |     let basketballBtn
3 |     = UIButton(type: UIButtonType.Custom)
4 |     basketballBtn
5 |         .backgroundColor = UIColor.redColor();
6 |     basketballBtn
7 |         .setImage(UIImage(named: "basketball.jpg"), forState: UIControlState.Normal)
8 |     basketballBtn
9 |         .addTarget(self, action: "didTappedCarButton:", forControlEvents: UIControlEvents.TouchUpInside)
10 |     basketballBtn
11 |         .sizeToFit()
12 |     return basketballBtn
13 |
14 |     }()
```

然后，我们将按钮添加到视图上，示例代码如下。

```
1 | private func prepareUI() {
2 |     view.addSubview(cartButton)
3 |   }
```

接下来，我们要对按钮采用链式编程思想进行布局，设置按钮距离视图的右侧距离、上方距离以及按钮自身的宽高，示例代码如下。

```
1 | private func layoutUI(){
2 | basketballBtn.snp_makeConstraints { (make) -> Void in
3 |         make.right.equalTo(-150)
4 |         make.top.equalTo(50)
5 |         make.width.equalTo(120)
6 |         make.height.equalTo(120)
7 |     }
8 | }
```

最后，我们分别调用创建按钮方法和对按钮进行布局的方法，示例代码如下。

```
1 | override func viewDidLoad() {
2 |     super.viewDidLoad()
3 |     prepareUI()
4 | }
5 | override func viewWillAppear(animated: Bool) {
6 |     super.viewWillAppear(animated)
7 |     layoutUI()
```

```
8 |   }
```

输出结果：

14.3 本章小结

通过对本章内容的学习，我们了解了链式编程，及其在 Swift 的主要代表 SnapKit 框架，并认识到链式编程的优势，可以使代码更加简洁，易读。如果大家有兴趣，可以自行深入学习 SnapKit 框架，这对我们手动布局是很有用处的。

14.4 思考练习

1. 列举一个在实际开发中使用链式编程的场景。
2. 说一说你对函数式编程的理解。

第五部分

项目实战篇

第 15 章　Swift 项目实战——汽车商城

本章我们将通过一个汽车商城的小项目，将前面所讲解的 Swift 的基础知识点串联起来，帮助大家进一步加深对 Swift 语言的理解。从中大家可以了解到 iOS 应用开发的一般流程，体验到 Swift 语言在 iOS 应用开发中的优势。

15.1　项目需求分析

本节我们将从开发项目功能需求和项目界面需求这两个方面向大家讲解汽车商城项目的需求分析，以及在项目开发中的逻辑思维。

在用户第一次使用汽车商城项目时，会出现一个启动页，让用户大致了解 App 的功能，单击最后一页的"开始体验"即可开始体验之旅。首页我们将展示各类汽车的基本信息，同时用户可以进入详情界面了解更多有关商品的信息。此外，我们可以调用苹果原生的地图搜索周边的 4s 店，以及导航、查找路线。最后，我们可以在发现中通过"扫一扫"关注喜欢的 4s 店，而且可以通过"摇一摇"获得意想不到的惊喜。如果用户对我们的商城有什么建议或意见，可以写下意见或建议，及时向我们反馈。如果用户想对我们商城有更多的了解，可以在"关于"中看到更多介绍。

15.1.1　项目功能需求

根据客户的需求，我们在应用中实现各种汽车产品的展示，调用苹果原生地图导航定位，扫描 4s 店的二维码关注该店，以及摇一摇获取该店提供的购车优惠券。

根据上面的功能描述，确定需求如下。

（1）启动页。

（2）汽车信息列表。

（3）汽车详情介绍。

（4）调用苹果自带地图搜索周边的 4s 店。

（5）导航去周边 4s 店的路线。

（6）扫一扫关注喜欢的 4s 店。

（7）摇一摇领取购车优惠券。

（8）意见和建议的反馈。

（9）对 App 更多的了解。

15.1.2 项目界面设计

一个完整的项目不仅要靠开发人员，还需要应用设计人员、UI 设计人员和测试人员共同完成。首先，由客户提出需求，UI 设计人员设计界面效果，开发人员根据 UI 设计人员提供的界面效果实现界面和相应的功能。如图 15-1～图 15-3 所示，是我们要设计出项目的界面效果。

图 15-1 启动页

图 15-2 开始体验

图 15-3 的底部是自定义的 TabBar，单击"首页"，进入汽车列表视图，单击每一行汽车，可以进入相应汽车的详情界面，如图 15-4 所示。

图 15-3 汽车列表

图 15-4 汽车详情

单击"地图"，调用苹果系统自带地图，可以搜索周边的汽车 4s 店，以及如何去这些店的导航路线，如图 15-5 所示。

单击"发现"，进入发现界面，其中主要包括"扫一扫""摇一摇"和"意见反馈"和"关于" 4 个内容，如图 15-6 所示。

图 15-5　地图界面

图 15-6　发现界面

15.2　项目架构搭建

15.2.1　架构设计

在 iOS 的开发中，我们 MVC 设计模式。MVC 是一种相对成熟的技术，项目中分为 ViewController 层、View 层和 Model 层。

（1）ViewController 层：该层主要实现界面的布局和业务逻辑的处理。将 UI 设计人员根据客户需求提供的设计图，展示在 ViewController 层。

（2）View 层：自定义一些通用的视图，将视图展示出来。

（3）Model 层：主要用来处理项目中数据。

在汽车商城项目中，我们的数据都是本地数据，没有网络数据。数据存储在 plist 文件中，使用时需要从 plist 文件中读取数据。

15.2.2　创建项目

完成了项目架构的总体设计，我们开始新建一个工程：打开 Xcode 7，选择"create a new Xcode project"或单击桌面顶部的菜单"File -> New -> Project"，在打开的"Choose a temple for new project"界面中选择"Single View Applicatin"工程模板，如图 15-7 所示。

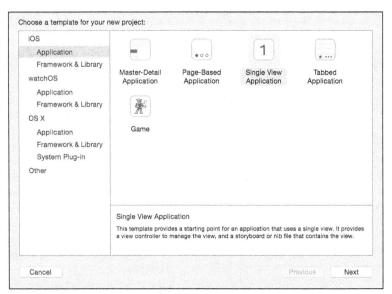

图 15-7　工程模板

单击"Next"按钮，会出现如图 15-8 所示的界面，我们在 Product Name（工程名）中输入"CarShop"，在 Organization Name（组织者名）中输入"51code"，在 Organization identifier（组织者域名）中输入"com.51code"，在 Language（语言）中选择"Swift"，在 Devices（设备）中选择"Universal"。

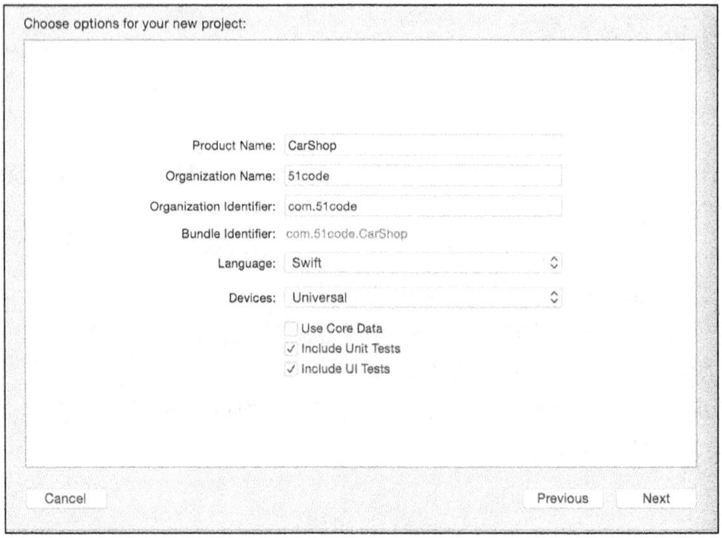

图 15-8　信息填写

设置完相关的工程选项后，单击"Next"按钮，进入下一级界面，根据提示选择我们要将项目保存的位置，然后单击"Creat"按钮，将出现如图 15-9 所示的界面。

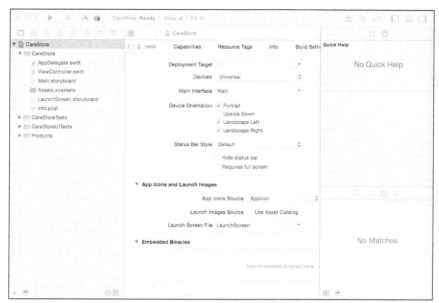

图 15-9　项目编写

到现在为止，我们的工程就创建完成了，现在可以开始进行业务逻辑的开发了。

15.2.3　搭建架构

项目的架构设计完成，我们开始搭建汽车商城的整体架构。项目中分为三大模块：首页、地图和发现。选中项目名，右击"Show in Finder -> CarShop"，右击"新建文件夹"，新建"Home""Map""Find""Resource"和"Common"5 个文件夹。选中项目名，右击"add Files to 'CarShop'"将这 5 个文件夹添加到项目中。Home 文件夹主要存放首页模块所需要的 MVC，Map 文件夹主要存放地图模块的控制器，Find 文件夹主要存放发现模块的模型数据和视图控制器，Resource 文件夹主要存放在项目中所需要的图片素材和音频素材，Common 文件夹主要存放项目中的一些公用资源和第三方库。

在控制器的底部，我们需要自定义一个"UITabBarViewController"，选中"Common"文件夹，右击"New File"，新建一个"BaseTabBarViewController"，用于继承 UITabBarViewController，实现底部自定义的 tabBar。然后右击"add Files to'CarShop'"将 car_detail.plist 和 FindPlist.plist 文件添加到 Common 文件夹中。

选中"Home"文件夹，同样单击"Show in Finder -> Home"，新建"ViewController""Model"和"View"3 个文件夹，并添加到 Home 文件夹。在 ViewController 文件夹新建汽车列表视图和汽车详情视图，分别命名为"HomeViewController"和"DetailViewController"。在 Model 文件夹中建立模型"HomeModel"，用于存放从 car_detail.plist 文件中获取的汽车信息数据。在 View 文件夹中创建汽车列表视图顶部的广告视图"HeaderView"，并用 xib 创建显示汽车列表每一行的 HomeCell，以显示汽车详情界面的 DetailView 视图。

选中"Map"文件夹，新建"MapViewController"视图控制器，用来调用苹果自带的地图。

选中"Find"文件夹，同样选中"Show in Finder -> Home"，新建"ViewController""Model"和"View"3个文件夹，并添加到 Find 文件夹。在 ViewController 文件夹新建"发现视图控制器""扫一扫 4s 店视图控制器""摇一摇视图控制器"和"意见反馈视图控制器"。视图控制器分别命名为"FindViewController""DetailViewController""SwipViewController""ShakeViewController""SuggestView Controller"和"AboutViewController"。在 Model 文件夹中建立模型"FindModel"，用于存放从 FindPlist.plist 文件中获取的发现界面的数据，在 View 文件夹中用xib 创建显示发现界面每一行的 FindCell。

将项目中所需的图片和音频素材按照对应的模块，存放在对应的文件夹中，将这些文件夹添加到 Resource 文件夹。这样，在项目的实现过程中，我们可以快捷方便地找到所需要的素材。

15.3 业务逻辑实现

搭建完基础的框架，我们可以开始汽车商城这个项目业务逻辑的实现。我们将项目分为四大模块，分别是启动页、首页、地图和发现。

首先，我们自定义一个 UITabBarViewController，命名为 BaseTabBarViewController。在这里我们为首页包装了一个导航控制器，在导航控制器中设置了 3 个子控制器，并分别为这 3 个子控制器添加普通状态和点击状态的图片和标题，用 addChildViewController（childController: UIViewController，title:String，imageName:String）方法封装了为子视图控制器添加图片和标题的操作。在为导航视图添加 3 个子视图控制器时，直接调用封装的方法。调用该方法前，我们先定义 3 个子视图控制器 HomeViewControlle，MapViewController 和 FindViewController，用于继承 UIViewController。

通过我们自定义的 UITabBarViewController 实现单击底部 tabbaerItem 跳转到关联的视图控制器。

实现自定义的 UITabBarViewController 的关键代码如下。

```
 1 |  func addChildViewController() {
 2 |      addChildViewController(HomeViewController(), title: "首页", imageName: "tabbar_home")
 3 |      addChildViewController(MapViewController(), title: "地图", imageName: "icon_map@2x")
 4 |      addChildViewController(FindViewController(), title: "发现", imageName: "tabbar_discover")
 5 |  }
 6 |  private func addChildViewController(_ childController: UIViewController,title:String,
imageName:String) {
 7 |      childController.tabBarItem.image = UIImage(named: imageName)
 8 |      childController.tabBarItem.selectedImage = UIImage(named: imageName + "_highlighted")
 9 |      childController.title = title
10 |      //给首页包装一个导航控制器
11 |      let nav = UINavigationController()
12 |      nav.addChildViewController(childController)
13 |      addChildViewController(nav)
14 |  }
```

接下来，我们将针对每个模块讲解如何实现业务逻辑。

15.3.1　启动页模块

启动页主要用于展示项目中的基本信息，在用户第一次使用该 App 时，使用滚动视图 UIScrollView 展示 4 张图片。在最后一张图片中单击"开始体验"按钮，可以开始项目的体验。当用户再一次使用该 App 时，将不会再开始启动图片，直接开始该 App 的体验。

在 AppDelegate 的 func application(_application: UIApplication, didFinishLaunchingWithOptions launchOptions: [NSObject: AnyObject]?) -> Bool 方法中，如果是第一次使用该 App，将 view Controller 作为根视图控制器，在 viewController 类中实现启动页效果。如果不是第一次使用该 App，则将自定义的 BaseTabBarViewController 作为根视图控制器。

AppDelegate.swift 的示例代码如下。

```
 1 |   func application(_ application: UIApplication, didFinishLaunchingWithOptions launchOptions:
[NSObject: AnyObject]?) -> Bool {
 2 |       self.window = UIWindow(frame: UIScreen.main().bounds)
 3 |       self.window?.backgroundColor = UIColor.white()
 4 |
 5 |       let started  = UserDefaults.standard().value(forKey: "started")
 6 |       if started == nil {
 7 |           let vc = ViewController()
 8 |           self.window?.rootViewController = vc
 9 |           vc.startClosure = {
10 |               () -> Void in
11 |               self.window?.rootViewController = BaseTabBarViewController()
12 |               let userDefaults = UserDefaults.standard()
13 |               userDefaults.setValue("start", forKey: "started")
14 |               userDefaults.synchronize()
15 |           }
16 |       } else {
17 |           let vc = BaseTabBarViewController()
18 |           self.window?.rootViewController = vc
19 |
20 |           self.window?.rootViewController = BaseTabBarViewController()
21 |       }
22 |       self.window?.makeKeyAndVisible()
23 |       return true
24 |   }
```

viewController.swift 的示例代码如下，首先使用宏定义来定义屏幕的宽度、高度、导航高度。

```
 1 |   private let kWIDTH = UIScreen.main().bounds.width
 2 |   private let kHEIGHT = UIScreen.main().bounds.height
 3 |   private let navHeight = 64
```

然后定义我们需要的全局变量闭包 startClosure，用来实现单击开始体验按钮，直接进入首页。scrollView 滚动视图存放启动页图片，pageControl 分页控制器，以及 pageControl 导航高度，示例代码如下。

```
 1 |   var startClosure:(() -> Void)?
 2 |   var scrollView: UIScrollView!
 3 |   var pageControl: UIPageControl!
```

```
4 |   var mutableArray: NSMutableArray?
5 |   let navH = CGFloat(Float(navHeight))
```

接下来，我们定义 createStartView 来创建启动页视图，示例代码如下。

```
 1 |  func  createStartView(){
 2 |      let  arr = ["1.jpg","2.jpg","3.jpg","4.jpg"]
 3 |      if self.scrollView == nil {
 4 |          self.scrollView = UIScrollView()
 5 |          self.scrollView.frame = CGRect(x: 0, y: 0, width: kWIDTH, height: kHEIGHT)
 6 |          self.scrollView.delegate = self
 7 |          self.scrollView.isPagingEnabled = true
 8 |          self.scrollView.showsHorizontalScrollIndicator = false
 9 |          self.scrollView.showsVerticalScrollIndicator = false
10 |          self.view.addSubview(self.scrollView)
11 |          self.scrollView.contentSize = CGSize(width: kWIDTH * CGFloat(arr.count), height: kHEIGHT)
12 |          for i in 0..<arr.count{
13 |              let index = CGFloat(Float(i))
14 |              print(index)
15 |              let  imgView = UIImageView.init(frame: CGRect(x: index * kWIDTH, y: 0, width:
kWIDTH, height: kHEIGHT))
16 |              imgView.image = UIImage(named:arr[i])
17 |              self.scrollView.addSubview(imgView)
18 |              if i == arr.count - 1 {
19 |                  imgView.isUserInteractionEnabled = true
20 |                  let button = UIButton.init(type: UIButtonType.custom)
21 |                  button.frame = CGRect(x: (kWIDTH - 200)/2, y: kHEIGHT - 94, width: 200, height: 45)
22 |                  button.setTitle("立即体验", for: UIControlState())
23 |                  button.titleLabel?.font = UIFont.systemFont(ofSize: 18)
24 |                  button.backgroundColor = UIColor.orange()
25 |                  button.layer.cornerRadius = 5
26 |                  button.layer.masksToBounds = true
27 |                  button.addTarget(self, action: #selector(ViewController.clickButton(_:)),
for: UIControlEvents.touchUpInside)
28 |                  imgView.addSubview(button)
29 |                  let titleLabel = UILabel.init(frame: CGRect(x:(kWIDTH - 100)/2, y: kHEIGHT
* 0.1, width: 200, height: 45))
30 |                  titleLabel.text = "找车宝"
31 |                  titleLabel.textColor = UIColor.blue()
32 |                  titleLabel.font = UIFont.systemFont(ofSize: 26)
33 |                  imgView.addSubview(titleLabel)
34 |              }
35 |          }
36 |      }
37 |      if self.pageControl == nil {
38 |          self.pageControl = UIPageControl.init(frame: CGRect(x: (kWIDTH - 150)/2, y: kHEIGHT
- 45, width: 150, height: 30))
39 |          self.pageControl.numberOfPages = arr.count
40 |          self.view.addSubview(self.pageControl)
41 |          self.pageControl.pageIndicatorTintColor = UIColor.white()
42 |          pageControl.currentPageIndicatorTintColor = UIColor.orange()
43 |      }
44 |  }
```

单击开启动画的按钮，示例代码如下。

```
1 |  func clickButton(_ sender: UIButton) {
2 |      startClosure!()
3 |  }
```

当滑动启动页的图片时，通过滚动视图的代理方法 func scrollViewDidEndDecelerating(_ scrollView: UIScrollView)分页控制器显示的点也会同步前进，示例代码如下。

```
1 |  func scrollViewDidEndDecelerating(_ scrollView: UIScrollView) {
2 |      let index = scrollView.contentOffset.x / kWIDTH
3 |      self.pageControl.currentPage = Int(index)
4 |  }
```

15.3.2　首页模块

在首页中，我们主要实现在首页视图显示汽车广告轮播视图、汽车列表，以及当视图滚动到底部时，出现一个悬浮的按钮，单击按钮，视图返回到顶部。

1. 汽车商品列表界面

首先讲解如何实现广告图片循环滚动。在这里我们自定义一个视图命名为 HeaderView，用于继承 UIView，然后将 HeaderView 添加到首页控制器。我们在 HeaderView 定义一个滚动视图 headerScrollView，用于承载广告图片。此外，我们需要定义一个可变的数组 headerArray，用于存储从本地加载的广告图片。接下来，我们要定义一个定时器，用于控制图片的轮播效果。最后，我们定义 HeaderView 右下角的 UIPageControl，命名为 pageControl，示例代码如下。

```
1 |  var headerScrollView = UIScrollView()
2 |  var headerArray = NSMutableArray()
3 |  var timer = NSTimer()
4 |  var pageControl = UIPageControl()
```

创建 createHeaderView()方法，其中包括 headerScrollView 和 pageControl。将图片加载到 headerScrollView 上，设置 headerScrollView 的代理为 self，同时实现 UIScrollViewDelegate 的代理方法。设置 pageControl 的页数、选中以及未选中的颜色。最后，将 headerScrollView 和 pageControl 添加到 HeaderView 上，示例代码如下。

```
 1 |  func createHeaderView() {
 2 |      headerScrollView.frame = CGRect(x: 0, y: 0, width: SCREEN_WIDTH, height: SCREEN_HEIGHT*0.2)
 3 |      headerScrollView.delegate = self
 4 |      headerScrollView.isPagingEnabled  = true
 5 |      headerScrollView.bounces = false
 6 |      headerScrollView.showsHorizontalScrollIndicator = false
 7 |      headerScrollView.showsVerticalScrollIndicator = false
 8 |      //利用 n+2 方法 index=0 前面加最后一张图片      index = count-1 后加第一张图片
 9 |      //最后一张放到 index = 0 的位置
10 |      let lastImageView = UIImageView(frame:CGRect(x: 0, y: 0, width: SCREEN_WIDTH, height: SCREEN_HEIGHT*0.2))
11 |      lastImageView.image = UIImage(named: self.headerArray[4] as! String)
12 |      headerScrollView.addSubview(lastImageView)
13 |      //第一张放到 index = count 的位置
```

```
14 |        let firstImageView = UIImageView(frame:CGRect(x: CGFloat(self.headerArray.count+1) *SCREEN_WIDTH,
y: 0, width: SCREEN_WIDTH, height: SCREEN_HEIGHT*0.2))
15 |        firstImageView.image = UIImage(named: self.headerArray[0]as! String)
16 |        headerScrollView.addSubview(firstImageView)
17 |        for i in 0 ..< self.headerArray.count {
18 |            let headerImage = self.headerArray[i]
19 |            let headerImageView = UIImageView(frame: CGRect(x: SCREEN_WIDTH*CGFloat(i+1), y: 0,
width: SCREEN_WIDTH, height: SCREEN_HEIGHT*0.2))
20 |            headerImageView.image = UIImage(named: headerImage as! String)
21 |            headerScrollView.addSubview(headerImageView)
22 |        }
23 |        headerScrollView.contentSize = CGSize(width: SCREEN_WIDTH*CGFloat(headerArray.count+2), height: 0)
24 |        headerScrollView.contentOffset = CGPoint(x: SCREEN_WIDTH, y: 0)
25 |        self.addSubview(headerScrollView)
26 |        //创建 pageControl
27 |        pageControl .numberOfPages = headerArray.count
28 |        let size = pageControl.size(forNumberOfPages: headerArray.count)
29 |        pageControl.frame = CGRect(x: SCREEN_WIDTH*0.7, y: SCREEN_WIDTH*0.4, width: size.width, height: 10)
30 |        pageControl.layer.zPosition = 2
31 |        pageControl.pageIndicatorTintColor = UIColor(red: 228/255.0, green: 228/255.0, blue:
228/255.0, alpha: 1.0)
32 |        pageControl.currentPageIndicatorTintColor = UIColor(red: 253/255.0, green: 99/255.0,
blue: 99/255.0, alpha: 1.0)
33 |
34 |        pageControl.currentPage = 0
35 |        self.addSubview(pageControl)
36 |    }
```

如图 15-10 所示，是完成上述步骤后的轮播图效果。

图 15-10 轮播图

创建定时器方法 startTime()，设置定时间隔和定时器刷新的方法 automScrollView，示例代码如下。

```
1 |  func startTime(){
2 |      timer = Timer(timeInterval: 2.0, target: self, selector: "automScrollView", userInfo:
nil, repeats: true)
3 |      RunLoop.current().add(timer, forMode: RunLoopMode.commonModes)
4 |  }
```

在 automScrollView 方法中，实现图片每隔一个定时间隔自动切换到下一张图片的循环滚动的效果，同时 pageControl 与当前的页数和图片滚动的页数相一致，示例代码如下。

```
 1 |  func automScrollView(){
 2 |      if (headerScrollView.contentOffset.x == CGFloat(headerArray.count + 1) * SCREEN_WIDTH){
 3 |          headerScrollView.contentOffset = CGPoint(x: SCREEN_WIDTH, y: 0)
 4 |          pageControl.currentPage = 0
 5 |      }else{
 6 |          let page = Int((headerScrollView.contentOffset.x - SCREEN_WIDTH) / SCREEN_WIDTH)
 7 |          pageControl.currentPage = page
 8 |      }
 9 |      headerScrollView.setContentOffset(CGPoint(x:headerScrollView.contentOffset.x + headerWidth ,
y:0), animated: true)
10 |      }
```

在 UIScrollViewDelegate 的代理方法 func scrollViewDidEndDecelerating(scrollView: UIScroll View) 中，实现拖动图片使图片滚动的效果。func scrollViewWillBeginDragging(scrollView: UIScrollView)方法在开始拖动图片时，会将定时器停止。在 func scrollViewDidEndDragging(scroll View: UIScrollView，willDecelerate decelerate: Bool)方法结束拖动图片时，将开启定时器，示例代码如下。

```
 1 |  func scrollViewDidEndDecelerating(_ scrollView: UIScrollView) {
 2 |      //计算页数
 3 |      let page =  Int((headerScrollView.contentOffset.x  - SCREEN_WIDTH) / SCREEN_WIDTH)
 4 |      pageControl.currentPage = page
 5 |      //如果滑到第一页
 6 |      if (headerScrollView.contentOffset.x == 0){
 7 |          headerScrollView.contentOffset = CGPoint(x:CGFloat(headerArray.count) * SCREEN_WIDTH,y:0)
 8 |          pageControl.currentPage = headerArray.count - 1
 9 |      }else if(headerScrollView.contentOffset.x == CGFloat(headerArray.count + 1) * SCREEN_WIDTH){
10 |          //滑到最后一张
11 |          headerScrollView.contentOffset = CGPoint(x:SCREEN_WIDTH, y:0)
12 |          pageControl.currentPage = 0
13 |      }
14 |  }
15 |  //抓住图片的时候 停止时钟
16 |  func scrollViewWillBeginDragging(_ scrollView: UIScrollView) {
17 |      timer.invalidate()
18 |  }
19 |  //介绍拖动状态，开启时钟
20 |  func scrollViewDidEndDragging(_ scrollView: UIScrollView, willDecelerate decelerate: Bool) {
21 |      startTime()
22 |  }
```

在展示汽车列表时，我们使用的是 iOS 开发中最常使用的表视图 UITableView。在此，我们采用 MVC 的设计模式。

首先，我们要定义一个 HomeModel，用于继承 NSObject，HomeModel 主要存储列表的数据，数据放在 car_detail.plist 文件中，plist 文件最外层是一个数组，数组由 10 个字典组成。每个字典包含 4 个键值对，分别是 "Id" "SubTitle" "Title" 和 "Icon"，我们需要从该 plist 文件中获取 "Id" "Title" 和 "Icon" 这 3 个键值对的值。car_detail.plist 文件的内容如图 15-11 所示。

Key	Type	Value
▼ Root	Array	(10 items)
▼ Item 0 ⊙⊖	Dictionary ◇	(4 items)
Id	String	0
SubTitle	String	奥迪是德国历史最悠久的汽车制造商之一。其高技术水平、高质量标准以及高强劲
Title	String	奥迪汽车
Icon	String	aodi.jpg
▶ Item 1	Dictionary	(4 items)
▶ Item 2	Dictionary	(4 items)
▶ Item 3	Dictionary	(4 items)
▶ Item 4	Dictionary	(4 items)
▶ Item 5	Dictionary	(4 items)
▶ Item 6	Dictionary	(4 items)
▶ Item 7	Dictionary	(4 items)
▶ Item 8	Dictionary	(4 items)
▶ Item 9	Dictionary	(4 items)

图 15-11　car_detail.plist 文件

在 HomelModel.swift 中，我们首先定义 car_detail.plist 文件对应的字段的变量，示例代码如下。

```
1 |  var carId:String = ""
2 |  var carSubTitle:String = ""
3 |  var carName:String = ""
4 |  var carImage:String = ""
```

接下来，我们要对字典进行初始化，init(dict:NSDictionary)：字典的初始化方法。将从 plist 文件获取到的值赋给我们定义的 Id、SubTitle、Title 和 Icon 变量，示例代码如下。

```
1 |  init (dictionary:NSDictionary){
2 |      super.init()
3 |      self.carId = (dictionary as! Dictionary)["Id"]!
4 |      self.carName = (dictionary as! Dictionary)["Title"]!
5 |      self.carImage = (dictionary as! Dictionary)["Icon"]!
6 | self.carSubTitle = (dictionary as! Dictionary)[" SubTitle"]!
7 |  }
```

然后通过类方法 static func homeWithDict(dictionary:NSDictionary) -> HomeModel 将 plist 文件的字典转化为模型，示例代码如下。

```
1 |  static func homeWithDict(_ dictionary:NSDictionary) -> HomeModel {
2 |      return HomeModel(dictionary: dictionary)
3 |  }
```

最后，我们通过 static func　home() -> NSMutableArray 把模型里的数据存储到数组里，示例代码如下。

```
1 |  static func  home()-> NSMutableArray {
2 |      let pathStr:String = NSBundle.mainBundle().pathForResource("car_detail.plist", ofType: nil)!
3 |      let homeArray:NSArray = NSArray(contentsOfFile:pathStr)!
4 |      let arrayM: NSMutableArray = NSMutableArray ()
5 |      for  tempDict in homeArray{
6 |          let homeModel = HomeModel.homeWithDict(tempDict as! NSDictionary)
7 |          arrayM.addObject(homeModel)
8 |      }
9 |      return arrayM
10 |      }
```

在把字典数据转换为模型数据后，我们要自定义 HomeCell，用于继承 UITableViewCell，通过 Xib 实现汽车列表每个 cell 的布局。在 HomeCell 实现将 HomeModel 的数据添加到每个 cell 上的 iconImageView（汽车图片）和 titleLabel（汽车名）。如图 15-12 所示，为自定义的 HomeCell。

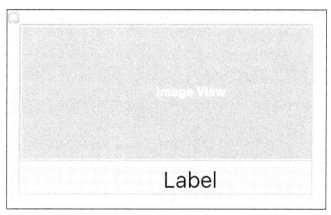

图 15-12　自定义 Home Cell

将 UIImageView 和 UILabel 关联到 HomeCell，示例代码如下。

```
1 |  @IBOutlet weak var iconImageView: UIImageView!
2 |  @IBOutlet weak var titleLabel: UILabel!
```

在 HomeCell 定义 HomeModel 的变量 home，示例代码如下。

```
1 |  var  home:HomeModel{
2 |      get{
3 |          return  self.home
4 |      }
5 |      set{
6 |          titleLabel.text = newValue.carName
7 |          iconImageView.image = UIImage(named: newValue.carImage)
8 |      }
9 |  }
```

在这里要重写 UITableViewCell 的初始化方法，只需调用父类的 UITableViewCell 的初始化方法即可，示例代码如下。

```
1 |  override init(style: UITableViewCellStyle, reuseIdentifier: String?) {
2 |      super.init(style: style, reuseIdentifier: reuseIdentifier)
3 |  }
```

最后，在 HomeCell 中使用类方法 static func cellWithTableView(tableView tableView: UITableView) -> HomeCell，解决自定义 UITableCell 的重用问题，示例代码如下。

```
1 |  static func cellWithTableView(tableView tableView: UITableView) -> HomeCell{
2 |      let id = "homeCell"
3 |      var cell: HomeCell? =  tableView .dequeueReusableCellWithIdentifier(id) as? HomeCell
4 |      if(cell == nil){
5 |          let array: NSArray = NSBundle.mainBundle().loadNibNamed("HomeCell", owner: nil, options: nil)
6 |          cell =  array.lastObject as? HomeCell
7 |      }
```

```
8 |      return cell!
9 |      }
```

在 HomeViewController 中需要定义 HeaderView 类型的 bannerView 变量、UITableView 类型的 tableView 变量，以及 NSMutableArray 类型的 cars 数组存储汽车列表信息的数据，并赋值为 HomeModel .home()，示例代码如下。

```
1 |  var bannerView = HeaderView()
2 |  var tableView = UITableView()
3 |   //存储 plist 文件数据
4 |  lazy var cars: NSMutableArray = HomeModel .home()
```

第一步，创建 createBannerView()方法来构造顶部的轮播视图，示例代码如下。

```
1 |  func createBannerView(){
2 |      bannerView = HeaderView(frame: CGRect(x:0, y:0, width:SCREEN_WIDTH, height:SCREEN_HEIGHT*0.25))
3 |      bannerView.backgroundColor = UIColor.white()
4 |      self.view.addSubview(bannerView)
5 |  }
```

第二步，使用 createTableVie()方法创建 tableView，并将 UITableView 的代理和数据源设置为 self，同时将 tableView 的 tableHeaderView 设置为 bannerView，示例代码如下。

```
1 |  func createTableView(){
2 |      tableView = UITableView(frame: CGRect(x:0, y:0, width:SCREEN_WIDTH, height:SCREEN_HEIGHT))
3 |      tableView.delegate = self
4 |      tableView.dataSource = self
5 |      tableView.backgroundColor = UIColor.white()
6 |      tableView.showsHorizontalScrollIndicator = false
7 |      tableView.showsVerticalScrollIndicator = false
8 |      tableView.tableHeaderView = bannerView
9 |      self.view.addSubview(tableView)
10 |  }
```

第三步，我们需要在底部创建一个向上的按钮，在 UITableView 显示 cell 内容的方法中判断 tableView.contentOffset.y 是否大于屏幕的高度，如果是，则设置按钮的透明度为 1.0，否则设置为 0.0。在按钮单击事件设置 tableView.contentOffset.y 的值为 0，表示跳转到视图的顶部。我们先来创建向上的按钮，界面效果如图 15-13 所示。

图 15-13　置顶按钮

我们首先定义一个全局常量 upBtn，示例代码如下。

```
1 |   let upBtn = UIButton()
```

然后创建一个向上的按钮，示例代码如下。

```
 1 |  func createUpImage(){
 2 |      self.upBtn.frame =  CGRect(x:SCREEN_WIDTH*0.88, y:SCREEN_HEIGHT*0.83,width: 30,height: 30)
 3 |      upBtn.setImage(UIImage(named:"userPosition@2x"), for: UIControlState.focused)
 4 |      upBtn.addTarget(self, action: #selector(HomeViewController.upClick), for: UIControl
Events.touchUpInside)
 5 |      upBtn.alpha = 1.0
 6 |      self.view.addSubview(upBtn)
 7 |  }
 8 |  func upClick(){
 9 |      tableView.contentOffset.y = 0
10 |  }
```

第四步，我们要实现 UITableView 的代理和数据源方法，示例代码如下。

```
 1 |  //返回多少组
 2 |  func numberOfSections(in tableView: UITableView) -> Int {
 3 |      return 1
 4 |  }
 5 |  //返回多少行
 6 |  func tableView(_ tableView: UITableView, numberOfRowsInSection section: Int) -> Int {
 7 |      return cars.count
 8 |  }
 9 |  //返回每一行的高度
10 |  func tableView(_ tableView: UITableView, heightForRowAt indexPath: IndexPath) -> CGFloat {
11 |      return 180
12 |  }
13 |  //每一行的内容
14 |  func tableView(_ tableView: UITableView, cellForRowAt indexPath: IndexPath) -> UITableViewCell {
15 |      let homeCell:HomeCell = HomeCell.cellWithTableView(tableView: tableView)
16 |      homeCell.home = cars[(indexPath as NSIndexPath).row]as!HomeModel
17 |      if tableView.contentOffset.y > SCREEN_HEIGHT {
18 |          upBtn.alpha = 1.0
19 |      }else{
20 |          upBtn.alpha = 0.0
21 |      }
22 |      return homeCell
23 |      }
24 |      //点击每一行进入汽车详情界面
25 |  func tableView(_ tableView: UITableView, didSelectRowAt indexPath: IndexPath) {
26 |      let detailVC = DetailViewController()
27 |      let model:HomeModel = cars[(indexPath as NSIndexPath).row] as! HomeModel
28 |      print(model.carId)
29 |      detailVC.listID = model.carId
30 |      self.navigationController?.pushViewController(detailVC, animated: false)
31 |  }
```

其中，tableView 只有 1 组，在 func numberOfSectionsInTableView(in tableView: UITableView) ->
Int 方法中返回 1。tableView 的行数等于存放汽车模型数据的数组的长度，所以，在 func tableView
(_ tableView: UITableView, numberOfRowsInSection section: Int) -> Int 返回值为 cars.count。

tableView 每行的高度要和 HomeCell.xib 设置的高度一致。这里设置的高度为 180。func 在 tableView(_tableView: UITableView, heightForRowAtIndexPath indexPath: NSIndexPath) -> CGFloat 方法里返回值为 180。每一个 cell 的内容都是自定义 cell 的内容,在 func tableView(_ tableView: UITableView, cellForRowAtIndexPath indexPath: NSIndexPath) -> UITableView Cell 方法中,把自定义 cell 的内容加载到 tableView 视图上。我们单击 tableView 的每一行,进入该汽车商品的详情界面,这需要我们在 func tableView(_tableView:UITableView, didSelectRowAtIndexPath indexPath: NSIndexPath)方法中实现。详情界面的视图控制器为 DetailView Controller,在 DetailViewControlle 中我们要定义一个 String 类型的变量 listID,在汽车商品的详情界面传入 listID 这个参数,在单击 tableView 的每个 cell 时,model.carId 赋值给 detailVC.listID,然后跳转到对应的详情界面。

2. 汽车详情界面

在汽车详情界面显示详细的汽车信息。在 Model 层中,我们仍然使用一个文件 HomeModel.swift,在 DetailModel.swift 中定义了另一个方法 static func detail(id:String) -> NSDictionary,该方法传入字符类型的参数 id,返回一个字典。我们单击汽车列表的 cell 进入对应的详情界面,此时需要通过一个参数将两者关联。这里我们通过传入的 id 和读取 car_detail.plist 的字典对应键“Id”的值,示例代码如下。

```
 1 |   static func detail( _ id:String) -> NSDictionary {
 2 |       let pathStr:String = NSBundle.mainBundle().pathForResource("car_detail.plist", ofType: nil)!
 3 |       let detailArray:NSArray = NSArray(contentsOfFile: pathStr)!
 4 |       let dict = NSDictionary()
 5 |       for  tempDict in detailArray{
 6 |           if tempDict["Id"]! as! String == id {
 7 |               return tempDict as! NSDictionary
 8 |           }
 9 |       }
10 |       return dic
11 |   }
```

在 View 层,我们自定义视图 DetailView 继承 UIView,并设置详情界面的数据。在详情界面,我们要定义一个 UIImageView 的变量 imageView 显示汽车图片,一个 UILabel 变量 titleLabel 显示汽车名,一个 UITextView 变量的 subTextView 显示汽车详细介绍的文本视图,以及一个 DetailModel 类型的变量 detail,将对应的模型数据添加到相应的视图控件上,示例代码如下。

```
 1 |  var imageView = UIImageView()
 2 |  var titleLabel   = UILabel()
 3 |  var subTextView = UITextView()
 4 |  var detail:DetailModel{
 5 |     get{
 6 |         return self.detail
 7 |     }set{
 8 |         imageView.image = UIImage(named: newValue.Icon!)
 9 |         titleLabel.text = newValue.Title
10 |         subTextView.text = newValue.SubTitle
11 |     }
12 |  }
```

这里我们用纯代码对 DetailView 界面进行布局。首先，要重写 frame 的初始化方法，并调用父类的初始化方法，然后调用 buildDetailView()方法，示例代码如下。

```
1 |  override init(frame: CGRect) {
2 |      super.init(frame: frame)
3 |      self. buildDetailView ()
4 |  }
```

在 buildDetailView()方法中设置背景视图，示例代码如下。

```
1 |  let bgView = UIView()
2 |  bgView.frame = CGRect(x: 0, y: 0, width: SCREEN_WIDTH, height: SCREEN_HEIGHT)
3 |  bgView.backgroundColor = UIColor(red: 230.0/255.0, green: 230.0/255.0, blue: 230.0/255.0, alpha: 1.0)
4 |  self .addSubview(bgView)
```

设置显示汽车图片的 imageView，示例代码如下。

```
1|  imageView = UIImageView(frame: CGRect(x:0,y: 0, width:SCREEN_WIDTH, height:SCREEN_HEIGHT*0.2))
2 |  bgView.addSubview(imageView)
```

设置显示汽车名的 titleLabel，示例代码如下。

```
1 |  titleLabel.frame = CGRect(x:0,y:imageView.frame.size.height + 10, width:SCREEN_WIDTH,height:30)
2 |  titleLabel.textAlignment = NSTextAlignment.center
3 |  titleLabel.font = UIFont.systemFont(ofSize: 18)
4 |  titleLabel.backgroundColor = UIColor(red: 230.0/255.0, green: 230.0/255.0, blue: 230.0/255.0, alpha: 1.0)
5 |  bgView.addSubview(titleLabel)
```

设置显示汽车详情介绍的 subTextView，并设置 subTextView 文字的行距，示例代码如下。

```
 1 |  subTextView.frame = CGRect(x:0, y:imageView.frame.size.height + 10+30+10, width:SCREEN_
WIDTH,height: 400)
 2 |  subTextView.font = UIFont.systemFont(ofSize: 16)
 3 |  subTextView.backgroundColor = UIColor.white()          //行间距
 4 |  let  paraStyle = NSMutableParagraphStyle.init()
 5 |  paraStyle.lineSpacing = 20;
 6 |  paraStyle.lineHeightMultiple = 20
 7 |  paraStyle.maximumLineHeight = 25
 8 |  paraStyle.minimumLineHeight = 15
 9 |  paraStyle.firstLineHeadIndent = 20
10 |  paraStyle.alignment = NSTextAlignment.justified
11 |  let attributes:Dictionary = [NSFontAttributeName:UIFont.systemFont(ofSize: 20),NSParagraphStyle
AttributeName:paraStyle]
12 |  subTextView.attributedText = AttributedString.init(string: subTextView.text, attributes: attributes)
13 |  bgView.addSubview(subTextView)
```

在 ViewController 层 DetailViewController，我们定义字符类型的变量 listID.，示例代码如下。

```
1 |  var listID = String()
```

在 DetailViewController 中，我们自定义导航栏，在 viewDidLoad 方法中隐藏系统自带的导航栏和底部 tabBar 设置，示例代码如下。

```
1 |  self.tabBarController?.tabBar.isHidden = true
2 |  self.navigationController?.isNavigationBarHidden = true
```

定义方法 createNav()创建自定义导航栏，示例代码如下。

```
 1 |  func createNav(){
 2 |      //导航图片
 3 |      let navView = UIView()
 4 |      navView.frame = CGRect(x: 0, y: 0, width: self.view.frame.size.width, height: 64)
 5 |      navView.backgroundColor = UIColor(red: 0, green: 91.0/255.0, blue: 255.0/255.0, alpha: 1.0)
 6 |      self.view.addSubview(navView)
 7 |      //创建左侧按钮
 8 |      let leftBtn:UIButton = UIButton()
 9 |      leftBtn.frame = CGRect(x: 0, y: 10, width: 64, height: 64)
10 |      leftBtn.setImage(UIImage(named: "icon_back@2x"), for: UIControlState())
11 |      leftBtn.setImage(UIImage(named: "icon_back_highlighted@2x"), for: UIControlState.highlighted)
12 |      leftBtn.addTarget(self, action: #selector(DetailViewController.backHome), for: UIControl
Events.touchUpInside)
13 |      //创建导航栏标题
14 |      let titleLabel = UILabel()
15 |      titleLabel.frame = CGRect(x: 0, y: 5, width: SCREEN_WIDTH, height: 64)
16 |      titleLabel.text = "详情"
17 |      titleLabel.textAlignment = NSTextAlignment.center
18 |      titleLabel.textColor = UIColor.black()
19 |      navView.addSubview(titleLabel)
20 |      navView.addSubview(leftBtn)
21 |  }
```

在创建视图的 bulidView()方法中，创建 DetailView 类型的 bgView，调用 DetailModel 的 detail 方法传入 self.listID，获取到 plist 文件中对应的数据，赋值给 bgView，示例代码如下。

```
 1 |  func createNav(){
 2 |      //导航图片
 3 |      let navView = UIView()
 4 |      navView.frame = CGRect(x: 0, y: 0, width: self.view.frame.size.width, height: 64)
 5 |      navView.backgroundColor = UIColor(red: 0, green: 91.0/255.0, blue: 255.0/255.0, alpha: 1.0)
 6 |      self.view.addSubview(navView)
 7 |      //创建左侧按钮
 8 |      let leftBtn:UIButton = UIButton()
 9 |      leftBtn.frame = CGRect(x: 0, y: 10, width: 64, height: 64)
10 |      leftBtn.setImage(UIImage(named: "icon_back@2x"), for: UIControlState())
11 |      leftBtn.setImage(UIImage(named: "icon_back_highlighted@2x"), for: UIControlState.highlighted)
12 |      leftBtn.addTarget(self, action: #selector(DetailViewController.backHome), for: UIControl
Events.touchUpInside)
13 |      //创建导航栏标题
14 |      let titleLabel = UILabel()
15 |      titleLabel.frame = CGRect(x: 0, y: 5, width: SCREEN_WIDTH, height: 64)
16 |      titleLabel.text = "详情"
17 |      titleLabel.textAlignment = NSTextAlignment.center
18 |      titleLabel.textColor = UIColor.black()
19 |      navView.addSubview(titleLabel)
20 |      navView.addSubview(leftBtn)        func bulidView(){
21 |          let bgView = DetailView()
22 |          bgView.frame = CGRect(x: 0, y: 64, width: SCREEN_WIDTH, height: SCREEN_HEIGHT)
23 |          let vc = DetailViewController()
24 |          print(vc.listID)
25 |          let dict:NSDictionary = HomeModel.detail(self.listID)
26 |          bgView.imageView.image = UIImage(named: (dict as! Dictionary)["Icon"]!)
```

```
27 |          bgView.titleLabel.text = (dict as! Dictionary)["Title"]
28 |          bgView.subTextView.text = (dict as! Dictionary)["SubTitle"]
29 |          self.view.addSubview(bgView)
30 |      }
31 |  }
```

15.3.3　地图模块

在地图模块，我们调用苹果自带的地图，首先在 MapViewController 视图设置一个搜索栏，设置搜索栏的代理，实现 UISearchBarDelegate 方法。只有输入含有"4s 店"的内容，才能调用使用苹果自带的地图的方法，从而把输入的待搜索的关键字传入系统。此外，我们需要在搜索栏创建一个 MKMapView 地图视图，首先引入 MapKit 框架，在 createUI()方法中创建搜索栏和地图视图，示例代码如下。

```
 1 |  func createUI(){
 2 |      self.mySearchBar.frame = CGRect(x: 0, y: 20,width: SCREEN_WIDTH , height: 30)
 3 |      self.mySearchBar.placeholder = "请输入汽车 4s 店名"
 4 |      self.mySearchBar.delegate = self
 5 |      self.view.addSubview(self.mySearchBar)
 6 |      // mapView 默认为标准状态
 7 |      mapView.frame = CGRect(x: 0, y: 50, width: self.view.frame.size.width, height: self.view.
frame.size.height)
 8 |      mapView.showsCompass = true
 9 |      mapView.showsScale = true
10 |      //可以跟踪用户的位置和方向变化
11 |      mapView
12 |      .setUserTrackingMode(MKUserTrackingMode.follow, animated: true)
13 |      mapView.showsUserLocation = true
14 |      //设置地图的显示范围
15 |      let lat = 0.5
16 |      let long = 0.5
17 |      let curSpan:MKCoordinateSpan = MKCoordinateSpan(latitudeDelta: lat, longitudeDelta: long)
18 |      let center:CLLocation = locationManager.location!
19 |      let curRegion:MKCoordinateRegion = MKCoordinateRegion(center: center.coordinate, span: curSpan)
20 |      self.view.addSubview(mapView)
21 |  }
```

在 UISearchBarDelegate 方法开始搜索时，调用 func startSearch（searchBar:UISearchBar）方法，当在搜索栏输入的内容大于 0 且包含"4s 店"时，将调用苹果自带地图，否则提示"请输入正确的 4s 店"，界面如图 15-14 所示。

示例代码如下。

```
 1 |  func startSearch(_ searchBar:UISearchBar){
 2 |      self.mySearchBar.resignFirstResponder()
 3 |      let searchStr:String = self.mySearchBar.text!
 4 |      if ( searchStr.characters.count > 0){
 5 |          if searchStr.contains("4s 店"){
 6 |              self.createMap()
 7 |          }else{
 8 |              let label = UILabel.init(frame: CGRect(x: SCREEN_WIDTH*0.2, y: SCREEN_HEIGHT*0.78,
width: SCREEN_WIDTH*0.6, height: 25))
 9 |              label.text = "请输入正确的 4s 店"
```

```
10 |                    label.font = UIFont.systemFont(ofSize: 18)
11 |                    label.textColor = UIColor.white()
12 |                    label.textAlignment = NSTextAlignment.center
13 |                    label.backgroundColor = UIColor.black()
14 |                    label.font = UIFont.systemFont(ofSize: 12)
15 |                    self.view .addSubview(label)
16 |                    UIView.animate(withDuration: 2, animations: { () -> Void in
17 |                        label.alpha = 0.0
18 |                    }, completion: nil)
19 |                }
20 |        }else{
21 |            return
22 |        }
23 |    }
```

图 15-14　搜索提示

我们在 createMap()方法将输入搜索栏的搜索内容传到系统自带地图的搜索栏中。使用
MKMapItem 类方法+ (BOOL)openMapsWithItems:(NSArray<MKMapItem *> *)mapItems launch
Options: (nullable NSDictionary<NSString *, id> *)launchOptions；实现将搜索到的地址显示在地
图上，并插入红色的大头针，示例代码如下。

```
1 |  func createMap(){
2 |      //查询有多条记录 ,把搜索栏的数字传进去
3 |      let gecoder = CLGeocoder()
4 |      print(self.mySearchBar.text)
5 |      gecoder.geocodeAddressString (self.mySearchBar.text!){ (placemarks:[CLPlacemark]?,
error:NSError?) -> Void in
```

```
 6 |          print(placemarks?.count)
 7 |          if placemarks == nil{
 8 |              return
 9 |          }
10 |          var  array = NSMutableArray()
11 |          for  item in placemarks!{
12 |              let pl = item as CLPlacemark
13 |              let coor = pl.location?.coordinate
14 |              let addr = pl.addressDictionary
15 |              var place = MKPlacemark(coordinate: coor!, addressDictionary: addr as? [String :
AnyObject])
16 |              let mapItem = MKMapItem(placemark: place)
17 |              mapItem.openInMapsWithLaunchOptions(nil)
18 |              array.addObject(mapItem)
19 |          }
20 |          if (array.count > 0){
21 |              MKMapItem.openMapsWithItems(array as! [MKMapItem], launchOptions:nil)
22 |          }
23 |      }
24 |  }
```

输入"上海宝马 4s 店",显示的界面如图 15-15 所示。

图 15-15　搜索结果

当我们选中想去的地方,单击"去这里",可以选择"驾车""步行"和"公交"3 种交通
方式。选择终点"宝马汽车充电站(宝胜路)",默认初始位置为我们当前的位置,默认交通方
式是驾车方式。单击任意一种交通方式,地图上回给出相应的路线和时间,如图 15-16~图 15-18
所示。

图 15-16　驾车路线

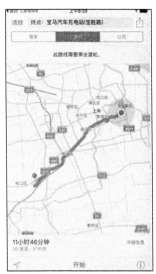

图 15-17　步行路线

图 15-18　公交路线

15.3.4　发现模块

在发现模块我们主要实现"扫一扫""摇一摇""意见反馈"和"关于功能"。发现视图的数据存储在 FindPlist.plist 文件中，FindPlist.plist 文件存储的内容如图 15-19 所示。

Key	Type	Value
▼ Root	Array	(4 items)
▼ Item 0	Dictionary	(2 items)
iconName	String	swipe.png
title	String	扫一扫
▶ Item 1	Dictionary	(2 items)
▶ Item 2	Dictionary	(2 items)
▶ Item 3	Dictionary	(2 items)

图 15-19　FindPlist.plist 文件

我们需要创建 FinModel 来存储数据，实现将 plist 文件字典转换为模型，并将模型数据存储在[FindModel]类型里，声明字符变量 title 和 iconName，示例代码如下。

```
1 |   var title:String?
2 |   var iconName:String?
```

字典转模型方法如下。

```
1 |   static func findModel(_ dic: NSDictionary) -> FindModel {
2 |       let model = FindModel()
3 |       model.title = dic["title"] as? String
4 |       model.iconName = dic["iconName"] as? String
5 |       return model
6 |   }
```

将从 plist 文件获取的数据存储在[FindModel]类型中 static func loadFindModel() -> [FindModel]，

示例代码如下。

```
1 |   static func loadFindModel() -> [FindModel] {
2 |       var find = [FindModel]()
3 |       let path = NSBundle.mainBundle().pathForResource("FindPlist", ofType: "plist")
4 |       let arr = NSArray(contentsOfFile: path!)
5 |       for dic in arr! {
6 |           find.append(FindModel.findModel(dic as! NSDictionary))
7 |       }
8 |       return find
9 |   }
```

使用纯代码创建自定义 cell，命名为 FindCell，用于继承 UITableViewCell，定义发现视图
每一行的显示图片的 UIImageView 和显示文字的 UILabel，示例代码如下。

```
1 |   private lazy var iconImageView = UIImageView()
2 |   private lazy var titleLabel = UILabel()
```

定义一个 Fin 的 Model 的 findModel 变量，设置 iconImageView 的图片和 titleLabel 的内容，
示例代码如下。

```
1 |   var findModel: FindModel? {
2 |       didSet {
3 |           titleLabel.text = findModel!.title
4 |           iconImageView.image = UIImage(named: findModel!.iconName!)
5 |       }
6 |   }
```

初始化 FindCell 的布局，调用 createSubView()方法，示例代码如下。

```
1 |   override init(style: UITableViewCellStyle, reuseIdentifier: String?) {
2 |       super.init(style: style, reuseIdentifier: reuseIdentifier)
3 |       createSubView()
4 |   }
```

在 createSubView()方法中，实现 FindCell 的布局，示例代码如下。

```
1 |   func   createSubView(){
2 |       let rightMargin: CGFloat = 10
3 |       let iconWH: CGFloat = 30
4 |       iconImageView.frame = CGRect(x: rightMargin, y: 10, width: iconWH, height: iconWH)
5 |       titleLabel.frame = CGRect(x: iconImageView.frame.maxX + rightMargin, y: 3, width: 200,
height: self.frame.size.height)
6 |       titleLabel.textColor = UIColor.black()
7 |       bottomLine.frame = CGRect(x: 0,   y: self.frame.size.height - 0.5,   width:
self.frame.size.width ,height: 1)
8 |       bottomLine.backgroundColor = UIColor.gray()
9 |       bottomLine.alpha = 0.15
10 |      selectionStyle = UITableViewCellSelectionStyle.none
11 |      contentView.addSubview(iconImageView)
12 |      contentView.addSubview(titleLabel)
13 |      contentView.addSubview(bottomLine)
14 |  }
```

解决自定义 UITableCell 的重用问题，示例代码如下。

```
1 |  static private let identifier = "cellID"
2 |  static func cellFor(_ tableView:UITableView)-> FindCell {
3 |      var cell = tableView.dequeueReusableCellWithIdentifier(identifier)as?FindCell
4 |      if cell == nil {
5 |          cell = FindCell(style: UITableViewCellStyle.Default, reuseIdentifier: identifier)
6 |      }
7 |      return cell!
8 |  }
```

最后，我们在 FindViewController 视图中创建一个 createTableView() 方法。创建 UITableView，设置它的背景颜色，位置大小和代理和数据源方法，示例代码如下。

```
1 |  func createTableView(){
2 |      let tableView = UITableView()
3 |      tableView.frame = CGRect(x:0,y: 0, width:SCREEN_WIDTH, height:SCREEN_HEIGHT)
4 |      tableView.separatorStyle = UITableViewCellSeparatorStyle.none
5 |      tableView.backgroundColor = UIColor(red: 229/255, green: 229/255, blue: 229/255, alpha: 1.0)
6 |      tableView.delegate = self
7 |      tableView.dataSource = self
8 |      self.view.addSubview(tableView)
9 |  }
```

UITableView 代理和数据源方法，tableView 共有 3 个分组。第 1 个分组有两行数据，对应 FindModel 的前两个数据。第 2 个和第 3 个分组分别有一行数据，对应 FindModel 的后两个数据，设置组与组之间的距离，单击每一行，跳转到对应的视图控制器，示例代码如下。

```
1 |  func numberOfSectionsInTableView(in tableView: UITableView) -> Int {
2 |      return 3
3 |  }
4 |  func tableView(_ tableView: UITableView, numberOfRowsInSection section: Int) -> Int {
5 |      if 0 == section{
6 |          return 2
7 |      }else if (1 == section){
8 |          return 1
9 |      }else{
10 |          return 1
11 |      }
12 |  }
13 |      func tableView(_ tableView: UITableView, cellForRowAtIndexPath indexPath: NSIndexPath)
-> UITableViewCell {
14 |          let cell = FindCell.cellFor(tableView)
15 |          if 0 == indexPath.section {
16 |              if indexPath.row == 0{
17 |                  cell.findModel = find[0]
18 |              }else{
19 |                  cell.findModel = find[1]
20 |              }
21 |          } else if 1 == indexPath.section {
22 |              cell.findModel = find[2]
23 |          } else {
24 |              cell.findModel = find[3]
25 |          }
26 |          return cell
27 |      }
28 |      func tableView(_ tableView: UITableView, heightForHeaderInSection section: Int) -> CGFloat {
```

```
29 |              return 30
30 |          }
31 |      func tableView(_ tableView: UITableView, didSelectRowAtIndexPath indexPath: NSIndexPath) {
32 |          if 0 == indexPath.section{
33 |              if 0 == indexPath.row{
34 |                  let swipVC = SwipViewController()
35 |                  navigationController?.pushViewController(swipVC, animated: false)
36 |              }else{
37 |                  let shakeVC = ShakeViewController()
38 |                  navigationController?.pushViewController(shakeVC, animated: false)
39 |              }
40 |          }else if 1 == indexPath.section{
41 |              let suggestVC = SuggestViewController()
42 |              navigationController?.pushViewController(suggestVC, animated: false)
43 |          }else {
44 |      let aboutAC = AboutViewController()
45 |              navigationController?.pushViewController(aboutAC, animated: false)
46 |          }
47 |      }
```

单击"扫一扫",界面会跳转到 SwipViewController 界面,用户可以扫描自己喜欢的 4s 店的二维码并收藏该店。扫一扫功能必须在真机上才可以测试,因为模拟器是没有摄像头的。这里用的是 iOS7.0 系统以后苹果自带的框架 AVFoundation,主要用于实现中间区域为亮色、四周为黑色的效果,设置中间区域 4 个角的颜色与扫描二维码线条图片的颜色一致,同时将中间区域除 4 个角之外的边框设置为另一种颜色。

首先,我们要定义一个 AVCaptureSession 的变量 swipSession,示例代码如下。AVCaptureSession 对象执行输入设备和输出设备之间的数据传递,可看作是 input 和 output 的桥梁,协调着 intput 到 output 的数据传输。

```
1 | private var swipSession:
AVCaptureSession?
```

在扫描二维码时,我们需要定义一个 AVCaptureVideoPreviewLayer 变量 swipVideoPreviewLayer,用于显示照相机拍摄到的画面,示例代码如下。

```
1 | private var swipVideoPreviewLayer:AVCaptureVideoPreviewLayer?
```

在扫描过程中,上下滑动的线条是一张图片,我们需要定义一个 UIImageView 变量 swipAnimationView,示例代码如下。

```
1 | private var swipAnimationView = UIImageView()
```

我们使用定时器 NSTimer 来实现图片的上下滑动。

首先,我们搭建扫描二维码的界面,定义 createUI 方法来实现扫描二维码的布局。界面如图 15-20 所示,把汽车 4s 店放入二维码扫描区域,即可关注该 4s 店,单击导航栏的返回按钮就会返回发现视图。

接下来,定义创建 UI 的方法 createUI()。

第一步,在这个界面上,将二维码之外的背景设置为黑色,透明度为 0.5,将二维码扫描的视图设置为白色,示例代码如下。

图 15-20　扫一扫

```
1 |  let lineT = [CGRect(x: 0, y: 0, width: ScreenWidth, height: 100),
2 |                CGRect(x: 0, y: 100, width: ScreenWidth * 0.2, height: ScreenWidth * 0.6),
3 |                CGRect(x: 0, y: 100 + ScreenWidth * 0.6, width: ScreenWidth, height: ScreenHeight
- 100 - ScreenWidth * 0.6),
4 |                CGRect(x: ScreenWidth * 0.8, y: 100, width: ScreenWidth * 0.2, height:
ScreenWidth * 0.6)]
5 |  for lineTFrame in lineT {
6 |      buildTransparentView(lineTFrame)
7 |  }
```

方法如下。

```
1 |  private func buildTransparentView(frame: CGRect) {
2 |      let tView = UIView(frame: frame)
3 |      tView.backgroundColor = UIColor.black()
4 |      tView.alpha = 0.5
5 |      view.addSubview(tView)
6 |  }
```

第二步，设置扫描二维码 4 个角的颜色与中间上下滑动的图片颜色一致，示例代码如下。

```
1 |  let yellowHeight: CGFloat = 4
2 |  let yellowWidth: CGFloat = 30
3 |  let yellowX: CGFloat = ScreenWidth * 0.2
4 |  let bottomY: CGFloat = 100 + ScreenWidth * 0.6
5 |  let lineY = [CGRect(x: yellowX, y: 100, width: yellowWidth, height: yellowHeight),
6 |  CGRect(x: yellowX, y: 100, width: yellowHeight, height: yellowWidth),
```

```
 7 |      CGRect(x: ScreenWidth * 0.8 - yellowHeight, y: 100, width: yellowHeight, height: yellowWidth),
 8 |      CGRect(x: ScreenWidth * 0.8 - yellowWidth, y: 100, width: yellowWidth, height: yellowHeight),
 9 |      CGRect(x: yellowX, y: bottomY - yellowHeight + 2, width: yellowWidth, height: yellowHeight),
10 |      CGRect(x: ScreenWidth * 0.8 - yellowWidth, y: bottomY - yellowHeight + 2, width: yellowWidth,
   height: yellowHeight),
11 |       CGRect(x: yellowX, y: bottomY - yellowWidth, width: yellowHeight, height: yellowWidth),
12 |       CGRect(x: SCREEN_WIDTH * 0.8 - yellowHeight, y: bottomY - yellowWidth, width: yellowHeight,
   height: yellowWidth)]
13 |   for yellowRect in lineY {
14 |       //二维码中间的二维码 4 个黄色的角
15 |       buildYellowLineView(yellowRect)
16 |   }
17 |   }
```

方法如下。

```
1 |   private func buildYellowLineView(_ frame: CGRect) {
2 |       let yellowView = UIView(frame: frame)
3 |       yellowView.backgroundColor = UIColor(red: 245.0/255.0, green: 214.0/255.0, blue:
   78.0/255.0, alpha: 1.0)
4 |       view.addSubview(yellowView)
5 |   }
```

第三步，将扫描二维码区域除了 4 个角之外的边框的颜色设置为绿色，示例代码如下。

```
1 |   let lineR = [CGRect(x: ScreenWidth * 0.2, y: 100, width: ScreenWidth * 0.6, height: 2),
2 |   CGRect(x: ScreenWidth * 0.2, y: 100, width: 2, height: ScreenWidth * 0.6),
3 |   CGRect(x: ScreenWidth * 0.8 - 2, y: 100, width: 2, height: ScreenWidth * 0.6),CGRect(x:
   ScreenWidth * 0.2, y: 100 + ScreenWidth * 0.6, width: ScreenWidth * 0.6, height: 2)]
4 |   for lineFrame in lineR {
5 |       //二维码四周边框的颜色
6 |       buildLineView(lineFrame)
7 |   }
```

方法如下。

```
1 |   private func buildLineView(frame: CGRect) {
2 |       let view1 = UIView(frame: frame)
3 |       view1.backgroundColor = UIColor.green()
4 |       view.addSubview(view1)
5 |   }
```

第四步，新建 buildAnimationLineView 方法来显示扫描二维码的横条，使用定时器控制动画，控制横条的滑动，示例代码如下。

```
1 |   private func buildAnimationLineView() {
2 |       swipAnimationView.image = UIImage(named: "yellowlight")
3 |       view.addSubview(swipAnimationView)
4 |       //每个 2 秒调用一次 startYellowViewAnimation 方法
5 |       timer = Timer(timeInterval: 2, target: self, #selector(SwipViewController.startYellow
   ViewAnimation,userInfo: nil, repeats: true)
6 |       //加入主循环池中
7 |       let runloop = NSRunLoop.currentRunLoop()
8 |       runloop.addTimer(timer!, forMode: NSRunLoopCommonModes)
9 |       //开始循环
```

```
10 |     timer!.fire()
11 |   }
12 |   //定时器刷新方法
13 |   func startYellowViewAnimation() {
14 |     weak var weakSelf = self
15 |     swipAnimationView.frame = CGRect(x: ScreenWidth * 0.2 + ScreenWidth * 0.1 * 0.5, y: 100,
width: ScreenWidth * 0.5, height: 20)
16 |     UIView.animateWithDuration(2.5) { () -> Void in
17 |   weakSelf!. swipAnimationView. frame.origin.y += ScreenWidth * 0.55
18 |     }
19 |   }
```

在这里我们使用了 weakSelf 变量，是因为 self 被 NSTimer 强引用了，使用 weakSelf 可以打破这个强引用。在代码执行期间，self 被释放，NSTimer 的 target 也会变成 nil。

第五步，我们创建了提示标签，当使用真机调试时，提示标签的文本内容为"请将 4s 店二维码对准方块内即可收藏该店"。当我们用模拟器测试时，提示标签的文本内容为"没有摄像头时不能扫描，请使用真机"。

在实现扫描二维码布局之后。我们定义方法 createInputAVCaptureDevice 来实现二维码扫描。

第一步，获取摄像头，示例代码如下。

```
1 |   let captureDevice = AVCaptureDevice.defaultDeviceWithMediaType(AVMediaTypeVideo)
```

第二步，创建输入对象，如果输入对象为空，设置一个提示标签，内容为"没有摄像头时不能扫描，请使用真机"，示例代码如下。

```
1 |   let captureDevice = AVCaptureDevice.defaultDeviceWithMediaType(AVMediaTypeVideo)
2 |   titleLabel.text = "请将 4s 店二维码对准方块内即可收藏该店"
3 |   //当输入对象不为空的时候，我们拿到输出对象，
4 |   let input = try? AVCaptureDeviceInput(device: captureDevice)
5 |   if input == nil{
6 |     titleLabel.text = "没有摄像头时不能扫描，请使用真机"
7 |     return
8 |   }
9 |   //拿到输出对象
10 |  let captureMetadataOutPut = AVCaptureMetadataOutput()
```

第三步，将输入和输出对象都添加到 swipSession 对象，示例代码如下。

```
1 |   swipSession = AVCaptureSession()
2 |   swipSession?.addInput(input)
3 |   swipSession?.addOutput(captureMetadataOutPut)
```

第四步，设置代理在主线程中刷新，示例代码如下。

```
attributes: []
1 |   let dispatchQueue = dispatch_queue_create("myQueue", attributes: []
)
2 |   //设置代理在主线程中刷新
3 |   captureMetadataOutPut. setMetadataObjectsDelegate
(self, queue: dispatchQueue)
```

第五步，设置扫码支持的编码格式和扫描范围。这里设置格式只有二维码，扫描的范围是（y 的起点/屏幕的高，x 的起点/屏幕的宽，扫描的区域的高/屏幕的高，扫描的区域的宽/屏幕的宽）。其中，CGRect 参数和普通的 Rect 范围不太一样，它的 4 个值的范围都是 0～1，用于表示比例，示例代码如下。

```
1 |  captureMetadataOutPut.metadataObjectTypes = [AVMetadataObjectTypeQRCode,
AVMetadataObjectTypeAztecCode]
2 |  captureMetadataOutPut.rectOfInterest = CGRect(x:0,y: 0,width: 1,height: 1)
```

第六步，使用第三步中定义的 session 来创建 preview layer，并将其添加到 main view layer 上，示例代码如下。

```
1 |  swipVideoPreviewLayer = AVCaptureVideoPreviewLayer(session: swipSession)
2 |  swipVideoPreviewLayer?.videoGravity = AVLayerVideoGravityResizeAspectFill
3 |  swipVideoPreviewLayer?.frame = view.layer.frame
4 |  view.layer.addSublayer(swipVideoPreviewLayer!)
```

第七步，开始捕获，示例代码如下。

```
1 |  swipSession?.startRunning()
```

单击"摇一摇"，界面会跳转到 ShakeViewController 界面。iOS 本身就支持摇一摇的功能，只需要 ShakeViewController 成为第一响应者，也就是在 viewDidLoad 方法里实现即可，示例代码如下。

```
1 |  UIApplication.sharedApplication().applicationSupportsShakeToEdit = true
2 |  self.becomeFirstResponder()
```

同时，要实现以下 3 个方法。

（1）检测到摇动：

```
1 |  func motionBegan(_ motion: UIEventSubtype, withEvent event: UIEvent?)
```

（2）摇动取消：

```
1 |  func motionCancelled(_ motion: UIEventSubtype, withEvent event: UIEvent?)
```

（3）摇动结束：

```
1 |  func motionEnded(_ motion: UIEventSubtype, withEvent event: UIEvent?)
```

摇一摇界面如图 15-21 所示。

摇一摇由上下两张图片组成，在手机摇动的过程中，通过动画将上方图片和下方图片向相反的方向移动一定的高度。此外，在摇一摇的过程中伴随着声音效果，这是导入的 mp4 文件。综上，要导入 AVFoundation 框架。

在开始摇动的方法中将上方图片的 y 值减小 80pt，下方图片的 y 值加上 80pt，从而实现开始上方图片向上移动，下方图片向下移动的效果。在摇动结束时，上方图片的 y 值加上 80pt，下方图片的 y 值减小 80pt，实现上方图片向下移动，下方图片向上移动的效果。在检测到摇动方法 override func motionBegan(_ motion: UIEventSubtype, with event: UIEvent?)中，通过以下代码设置图片位置的移动。

图 15-21　摇一摇

```
 1 |  UIView.animateKeyframesWithDuration(0.5, delay: 0, options: UIViewKeyframeAnimation
Options.BeginFromCurrentState, animations: { () -> Void in
 2 |      self.upImage.frame.origin.y -= 80
 3 |      self.downImage.frame.origin.y += 80
 4 |  }, completion: nil)
 5 |  //结束动画
 6 |  UIView.animateKeyframesWithDuration(0.5, delay: 1.0, options: UIViewKeyframeAnimation
Options.BeginFromCurrentState, animations: { () -> Void in
 7 |      self.upImage.frame.origin.y += 80
 8 |      self.downImage.frame.origin.y -= 80
 9 |  }, completion: nil)
```

　　在开始摇动和结束摇动的过程伴随不同的音效。在检测到摇动方法设置 shake.mp3 的音效。

```
 1 |  //设置音效
 2 |  let path1 = NSBundle.mainBundle().pathForResource("shake", ofType: "mp3")
 3 |  let data1 = NSData(contentsOfFile: path1!)
 4 |  self.player = try?AVAudioPlayer(data: data1!)
 5 |  self.player?.delegate = self
 6 |  //更新数据
 7 |  self.player?.updateMeters()
 8 |  //准备数据
 9 |  self.player?.prepareToPlay()
10 |  self.player?.play()
```

　　在动画取消的方法中，设置 shake_end.mp3 的音效。

在摇晃结束时，会弹出一张购车优惠券，优惠金额为 50 元～500 元，如图 15-22 所示。

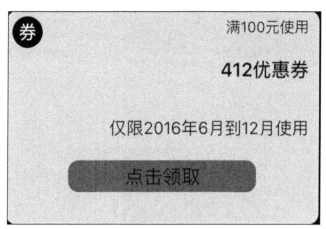

图 15-22　优惠券

在 override func motionEnded(_ motion: UIEventSubtype, with event: UIEvent?)摇晃结束的方法中，实现优惠券界面的设计，示例代码如下。

```
1 |   override func motionEnded(_ motion: UIEventSubtype, with event: UIEvent?) {
2 |       //print("摇晃被意外终止")
3 |       if (event?.subtype == UIEventSubtype.motionShake){
4 |           print("摇晃结束")
5 |           UIView.animateKeyframes(withDuration: 1, delay: 0, options: UIViewKeyframe
AnimationOptions.beginFromCurrentState, animations: { () -> Void in
6 |
7 |               self.bgView.frame = CGRect(x: SCREEN_WIDTH*0.1, y: SCREEN_HEIGHT*0.3, width:
SCREEN_WIDTH*0.8, height: SCREEN_HEIGHT*0.3)
8 |               self.bgView.backgroundColor = UIColor(red: 237/255, green: 195/255, blue: 69/255,
alpha: 1.0)
9 |               self.bgView.layer.cornerRadius = 10.0
10 |              self.view.addSubview(self.bgView)
11 |              let leftImage = UIImageView()
12 |              leftImage.frame = CGRect(x: 5, y: 5, width: 30, height: 30)
13 |              leftImage.layer.cornerRadius = leftImage.bounds.height / 2
14 |              leftImage.layer.masksToBounds = true
15 |              leftImage.backgroundColor = UIColor.black()
16 |              self.bgView.addSubview(leftImage)
17 |              let quanLabel = UILabel()
18 |              quanLabel.frame = CGRect(x: 0, y: 0, width: 30, height: 30)
19 |              quanLabel.text = "券"
20 |              quanLabel.textColor = UIColor.white()
21 |              quanLabel.textAlignment = NSTextAlignment.center
22 |              leftImage.addSubview(quanLabel)
23 |              let useLabel = UILabel()
24 |              let labelX:CGFloat = self.bgView.frame.size.width*0.3
25 |              let  labelW:CGFloat = 200
26 |              useLabel.frame = CGRect(x: labelX, y: 5, width: labelW, height: 20)
27 |              useLabel.text = "满 100 元使用"
```

```
28 |            useLabel.textAlignment = NSTextAlignment.right
29 |            useLabel.font = UIFont.systemFont(ofSize: 14)
30 |            useLabel.textColor = UIColor.black()
31 |            self.bgView.addSubview(useLabel)
32 |            let moneyLabel = UILabel()
33 |            moneyLabel.frame = CGRect(x: labelX, y: useLabel.frame.size.height + 5 +
   useLabel.frame.origin.y, width: labelW, height: 50)
34 |            //设置一个随机数
35 |            let max: UInt32 = 500
36 |            let min: UInt32 = 50
37 |            self.num = UInt( arc4random_uniform(max - min) + min)
38 |            moneyLabel.text = "\(self.num)优惠券"
39 |            moneyLabel.font = UIFont.boldSystemFont(ofSize: 18)
40 |            moneyLabel.textColor = UIColor.black()
41 |            moneyLabel.textAlignment = NSTextAlignment.right
42 |            self.bgView.addSubview(moneyLabel)
43 |            let timeLabel = UILabel()
44 |            timeLabel.frame = CGRect(x: labelX, y: moneyLabel.frame.size.height +
   moneyLabel.frame.origin.y + 5,width: labelW, height: 50)
45 |            timeLabel.textAlignment = NSTextAlignment.right
46 |            timeLabel.text = "仅限2016年6月到12月使用"
47 |            timeLabel.font = UIFont.systemFont(ofSize: 16)
48 |            timeLabel.textColor = UIColor.black()
49 |            self.bgView.addSubview(timeLabel)
50 |            let btn = UIButton()
51 |            btn.frame = CGRect(x: self.bgView.frame.size.width*0.2, y: self.bgView.
   frame.size.height*0.7, width: self.bgView.frame.size.width*0.6, height: 30)
52 |            btn.layer.cornerRadius = 10.0
53 |            btn.setTitle("点击领取", for: UIControlState())
54 |            btn.setTitleColor(UIColor.black(), for: UIControlState())
55 |            btn.backgroundColor = UIColor.red()
56 |            self.bgView.addSubview(btn)
57 |            btn.addTarget(self, action: #selector(ShakeViewController.clickBtn), for:
   UIControlEvents.touchUpInside)
58 |        }, completion: nil)
59 |    }
60 | }
```

如图 15-22 所示，视图最左上角的"券"是一张背景为黑色的图片，在图片上面添加一个标签，标签的文字内容为"券"。右侧的"满100元使用""412优惠券"和"仅限2016年6月到12月使用"都是一个标签，优惠券前面的金额是一个随机数。底部的"点击领取"是一个按钮，单击该按钮会弹出一个 UIAlertController 的提示框，如图 15-23 所示。

图 15-23　提示框

单击按钮事件的示例代码如下。

```
1 | let alertController = UIAlertController(title: nil, message: "恭喜您获得\(self.num)的优惠券",
   preferredStyle: UIAlertControllerStyle.Alert)
2 | let cancelAction = UIAlertAction(title: "取消", style: .Default, handler: nil)
```

```
3 |   let defaultAction = UIAlertAction(title: "确定", style: .Default, handler: nil)
4 |   alertController.addAction(cancelAction)
5 |   alertController.addAction(defaultAction)
6 |   presentViewController(alertController, animated: true, completion: nil)
7 |   self.bgView.removeFromSuperview()
```

在模拟器中运行时，可以通过 Hardware—Shake Gesture 来测试摇一摇功能。

单击"意见反馈"，进入 SuggestViewController 界面，视图的最上面是一个标签，标签的文本内容为"请输入您的意见"。中间是一个文本视图，用户可以在这里填写自己对该 4s 店的建议，最下面是"提交"按钮，如图 15-24 所示。

单击"关于"，进入 AboutViewController 界面，视图上添加一个文本视图，文本视图的内容是对这款 App 的介绍，如图 15-25 所示。

图 15-24　发表意见

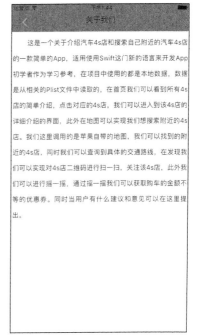

图 15-25　关于我们

这两个界面比较简单，这里不再讲解代码。

15.4　本章小结

本章主要向大家介绍了用 Swift 语言实现的汽车商城的小项目。通过对本章内容的学习，我们可以了解到实际开发项目时的思路和逻辑。在开始项目之前，我们要为项目先搭建一个框架，这个至关重要的一步。然后，我们对项目分模块进行编写，实现高效地开发一个项目。

15.5 思考练习

写一个简单的购物商城的小项目。

第 16 章　iOS 应用开发的测试

测试能够提高软件开发的效率，维持代码的健康性。测试的目的是证明软件能够正常运行，而不是发现 bug，同时也是对软件质量的一种保证，本章我们以 CareShop 项目为例来学习 iOS 应用开发的测试。

16.1　iOS 测试框架

一般情况下，是否使用测试框架都不会影响测试的结果，但是"工欲善其事，必先利其器"，使用测试框架更有利于我们测试和分析结果，iOS 测试框架主要有以下 3 种。

（1）OCUnit：它是开源测试框架，与 Xcode4 工具集成在一起使用非常方便，测试报告以文本形式输出到输出窗口。

（2）GHUnit：它是一个基于 Objective-C 的测试框架，也是开源测试框架，支持 Mac OSX 10.5 和 iOS 3.0 以上版本。GHUnit 的特点在于提供了一个 Mac 和 iOS 程序可使用的前端界面，并能根据键盘按键来过滤测试结果，同时提供了比 Xcode 更为丰富的、用于控制测试结果显示方式的功能。GHUnit 框架提供图形界面进行测试，而不是将测试注入应用程序中。使用时需要新建一个编译目标，包含测试代码和用于检测和运行测试的 GHUnit 框架。

（3）XCTest：XCTest 是 Xcode 提供的一个框架，作为 Xcode5 之后集成的单元测试框架，XCTest 能够提供了各个层次的测试。

以上 3 种框架中，OCUnit 不能进行真机测试；GHUnit 属于第三方开发的，支持图形界面测试和真机测试；XCTest 基于 OCUnit 的苹果的下一代测试框架，既支持图形界面测试，也支持真机测试，而且 XCTest 与 Xcode 深度集成，由苹果负责更新和维护。使用 XCTest 可以享受苹果对 XCTest 升级的福利，因此，本书中我们将重点介绍 XCTest 测试框架的使用。

16.2　XCTest 测试框架

本节我们将重点介绍如何使用 XCTest 测试框架进行单元测试。

16.2.1　添加 XCTest 测试框架

使用 Xcode 开发工具添加 XCTest 到工程中有两种办法：一种是在创建工程中添加，另一种是在现有的工程中添加 Cocoa Touch Unit Testing Bundle Target。

1. 创建工程添加 XCTest

在使用 Xcode 创建一个新的工程时，采用"Single View Application"模板，在图 16-1 中默认勾选"Include Unit Tests"和"Include UI Tests"选项，则默认为每个工程添加 XCTest。

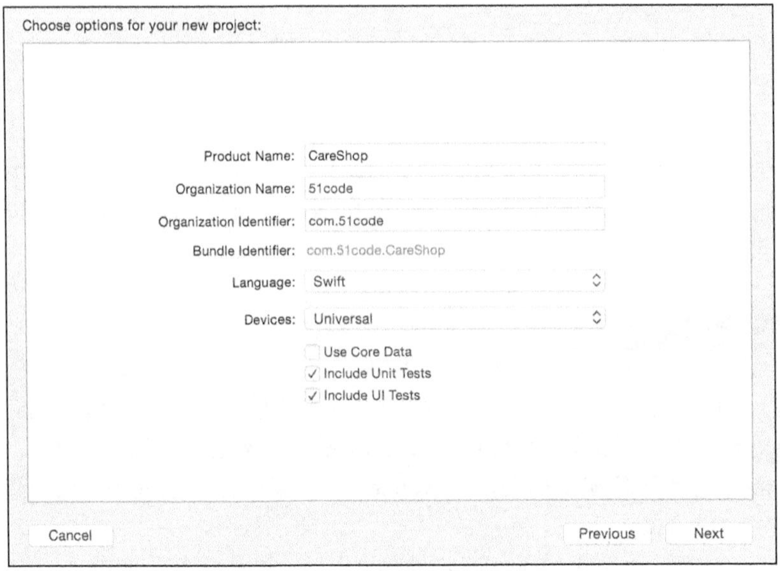

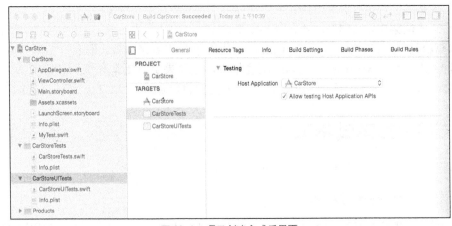

图 16-1　创建工程添加 XCTest

其中，Include Unit Test 指包含单元测试。在计算机编程中，单元测试（又称为模块测试，Unit Testing）针对程序模块（软件设计的最小单位）进行正确性检验的测试工作。Include UI Tests 表示包含 UI 测试。UI 测试是一个自动测试 UI 交互的 Testing 组件，同时会生成一些测试类和测试 TARGETS。项目创建完成后，我们可以看到如图 16-2 所示的界面。

图 16-2　项目创建完成后界面

从图 16-2 中可以看到，导航左侧的导航面板上有 CarShopTests 和 CarShopUITests 组。这个文件里的类 CarShopTests.swift 类和 CarShopUITests.swift 类就是生成的测试类。其中 CareShop 是工程名，CarShopTests 文件夹目录下的文件是项目单元测试文件，CarShopUITests 文件夹目录下的文件是项目的 UI 测试文件。

2. 在现有的工程中添加 Target

在现有的工程中，选择"File -> New -> Target"菜单项，然后选择"iOS -> Test"，此时会出现如图 16-3 所示的界面，包含"iOS UI Testing Bundle"和"iOS Unit Testing Bundle"两个测试模板。

图 16-3　在现有的工程中添加 Target

选择"iOS UI Testing Bundele"，表示添加 UI 测试类。选择"iOS Unit Testing Bundele"，表示添加单元测试类。在这里我们以选择"iOS Unit Testing Bundele"为例，单击"Next"，在 Product Name 文本框中输入"HomeTableViewTests"，单击"Finish"。这样，我们就创建了一个单元测试类。类似地，如果我们选择"iOS UI Testing Bundele"，会创建一个 UI 测试类，添加 XCTest 后的工程如图 16-4 所示。

图 16-4　添加 XCTest 后的工程

此时在导航面板中多出 HomeTableViewTests 组，在右边的 TARGETS 栏中，多出一个
HomeTableViewTests。

为了在测试 Target 中测试目标类，我们需要将这
些类编译到测试 Target 中。如果我们想在 CarStore
Tests 和 HomeTableViewTests 等 Target 中测试 CarStore
项目中的 HomeViewController 类，可以选中 HomeView
Controller. swift 文件，然后打开右边的文件检查器，
在 Target Membership 选中 CarStoreTests 和 HomeTable
ViewTests 即可，如图 16-5 所示。

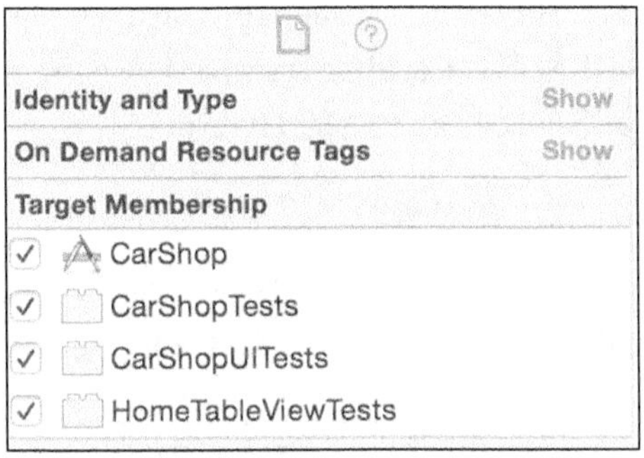

Identity and Type	Show
On Demand Resource Tags	Show
Target Membership	
✓ CarShop	
✓ CarShopTests	
✓ CarShopUITests	
✓ HomeTableViewTests	

图 16-5　Target Membership 界面

16.2.2　XCTest 测试方法

新建一个工程时，会默认带一个用于测试的 target，名字为工程名加 Tests 后缀，并且文件
名也以 Test 结尾。首先，我们来看 XCTest 默认生成的 CarShopTests 单元测试类和
CarShopUITests.swiftUI 测试类。其中，单元测试类的示例代码如下。

```
1 |  import XCTest
2 |  @testable import CarShop
3 |  class CarShopTests: XCTestCase {
4 |      override func setUp() {
5 |          super.setUp()
6 |      }
7 |      override func tearDown() {
8 |          super.tearDown()
9 |      }
10 |     func testExample() {
11 |         XCTAssert(true,"Pass")
12 |     }
13 |     func testPerformanceExample() {
14 |         self.measureBlock {
15 |         }
16 |     }
17 | }
```

作为 XCTest 测试类，CarShopTests 类继承 XCTestCase 父类。该类中已经包含了 setUp()，
tearDown()和 testExample()和 testPerformanceExample()这 4 个方法，如下所示。

（1）setup()方法：在测试前，创建在 test case 方法需要用到的一些对象等，在 XCTestCase
的每个测试用例执行之前调用。

（2）teardown()方法：执行结束之后清理测试现场，释放资源删除不用的对象，在测试用
例执行后执行。

（3）testExemple()方法：一般的测试用例方法，其中 XCTAssert(true,"Pass")是 XCTestCase
框架定义的一个函数。它的第一个参数为布尔表达式，如果为 true 表示断言通过；第二个参数
是对断言的描述，注意测试用例方法必须以 test 开头。

（4）testPerformanceExample()方法：性能测试用例方法，self.measureBlock {}语句是一个
闭包，需要性能测试的代码编写在{}内部。

在测试类运行的生命周期中，setUp()和 tearDown()方法可能会多次运行。其中，testExample 方法左侧有一个播放按钮，单击它就会对这个方法进行测试。我们选择快捷键 "command+U" 或者导航条 "product -> test" 进行测试。这个测试用例类没有头文件，因为测试用例不需要给外部暴露接口。

UI 测试类的示例代码如下。

```
 1 |   import XCTest
 2 |   class CarShopUITests: XCTestCase {
 3 |       override func setUp() {
 4 |           super.setUp()
 5 |           continueAfterFailure = false
 6 |           XCUIApplication().launch()
 7 |       }
 8 |       override func tearDown() {
 9 |           super.tearDown()
10 |       }
11 |       func testExample() {
12 |       }
13 |   }
```

系统默认生成的 UI 测试类 CarShopUITests 类，该类也继承 XCTestCase 类，包含了 setUp()，tearDown()和 testExample()三个方法。这些方法的用法与单元测试类 CarShopTests 类中方法的用法一致。此外，在 CarShopUITests 类中定义 UI 测试方法与 CarShopTests 类定义单元测试方法是一致的。

16.3　使用 XCTest 进行测试

16.3.1　常用测试工具

XCTest 常用的一些判断工具都是以 XCT 开头的，具体如下。

（1）断言：最基本的测试，如果 expression 为 true，则通过，否则打印后面格式化字符串。

```
XCTAssert(expression, format...)
```

（2）Bool 测试。

```
XCTAssertTrue(expression, format...)
XCTAssertFalse(expression, format...)
```

（3）相等测试。

```
XCTAssertEqual(expression1, expression2, format...)
XCTAssertNotEqual(expression1, expression2, format...)
```

（4）double float 对比数据测试使用。

```
XCTAssertEqualWithAccuracy(expression1, expression2, accuracy, format...)
XCTAssertNotEqualWithAccuracy(expression1, expression2, accuracy, format...)
```

（5）Nil 测试，XCTAssert[Not]Nil 断言判断给定的表达式值是否为 nil。

```
XCTAssertNil(expression, format...)
XCTAssertNotNil(expression, format...)
```

（6）失败断言。

```
XCTFail(format...)
```

16.3.2 单元测试

在进行单元测试之前需要建立一个测试用例，按照苹果公司的官方文档，建立一个测试用例的过程如下。

（1）建立一个 XCTestCase 的子类。

（2）实现测试方法。

（3）选择性的定义一些实例变量来存储常量的状态。

（4）通过重写 setUp 方法选择性的实例化常量。

（5）通过重写 tearDown 方法来在测试后清除。

每一个单元测试用例和 UI 测试用例对应于测试类中的一个方法，每个测试用例都以 test 作为前缀，测试方法并没有参数和返回值，例如 func testTableView()，然后再在方法中编写断言语句。

单元测试时，需要检查某段代码是否如我们所愿那样工作。待测试的代码段一般都只有几行，典型情况下只需要测试一个方法或者一个函数。单元测试的过程为：首先，给某个代码单元一个输入值，让这个值过一遍这段代码，然后比较输出的值是否和预期的一样。比较的过程由 XCTAssert 函数来处理，最简单的 XCTAssert 函数是 XCTAssert(expression: BooleanType)。这个函数要求一个布尔表达式（类似于 5>3，8.90 == 8.90 或者 true），如果表达式为真，则让测试通过，它的旁边会出现一个绿色小标志，否则测试失败。Xcode 会把该测试标记为"failed"，提示我们去查看代码，找出失败原因。

下面使用 CarShopTests 测试 HomeViewController 类的 func tableView(tableView: UITableView，cellForRowAtIndexPath indexPath: NSIndexPath) -> UITableViewCell 方法，根据 tableView 的 contentOffset.y 的大小来判断设置底部按钮是否显示。

在 CarShopTests 类中，我们定义 testTableViewOffest()方法作为测试用例。使用断言函数 XCTAssert()方法，command+u 运行后的结果如图 16-6 所示。我们可以看到左侧有一个绿色的对勾，说明测试是正确的。

我们再使用另一个测试方法 testSearchBarText()，定义一个 MapViewController 类型的 mapVC 和 UISearchBar 类型的 searchBar，设置 searchBar 的文本内容为"宝马 4s 店"。用 mapVC 调用 startSearch(searchBar:UISearchBar)方法，用断言 XCTAssert 方法测试，Command+u 运行结果如图 16-7 所示。左侧出现绿色的对勾，表示测试正确。

```
38    func  testTableViewOffset(){
39        XCTAssert(true)
40    }
```

图 16-6 运行结果

```
39    func testSearchBarText(){
40        let mapVC = MapViewController()
41        let searchBar = UISearchBar()
42        searchBar.text = "宝马4s店"
43        mapVC.startSearch(searchBar)
44        XCTAssert(true, "调用自带的地图")
45    }
```

图 16-7 运行结果

当我们要测试程序中是否有 bug 时，修改 testSearchBarText()方法代码如图 16-8 所示。

```
39  func testSearchBarText(){
40      let mapVC = MapViewController()
41      let searchBar = UISearchBar()
42      searchBar.text = "宝马4店"
43      if ((searchBar.text?.contains("4s店")) != nil){
44          XCTAssert(false, "4s店bug")
45      }                               ⊙ XCTAssertTrue failed - 4s店bug
46      mapVC.startSearch(searchBar)
47      XCTAssert(true, "调用自带的地图")
48  }
```

图 16-8　修改代码

在上述代码中，第 42 行代码设置 searchBar 文本内容为"宝马 4 店"，在我们程序中已设置：只有在搜索框里文本的内容包含"4s 店"，才能调用系统自带的地图进行搜索。这里，我们输入到搜索栏的内容不包含"4s 店"，在进行断点测试时，设置 XCTAssert(false, "4s 店 bug")，编译后会在该行前面出现红色的叉，说明存在 bug。

16.3.3　UI 测试

UI Tests 可以通过编写代码、记录开发者的操作过程来优化代码，实现自动单击某个按钮、视图，或自动输入文字等功能。在实际的开发过程中，随着项目的升级，功能越来越多，仅靠人工方式覆盖所有测试用例是非常困难的。尤其是加入新功能时，原来的功能还要测试一遍，导致测试时需要花费太多的时间进行回归测试，而 UI Tests 可以很好地解决这些问题。

下面我们以在 CarShop 项目中在首页模块、汽车列表界面为例，学习如何进行 UI 测试。首先，单击录制按钮，如图 16-9 所示。

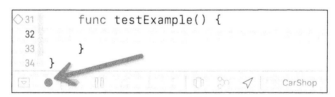

```
31  func testExample() {
32
33      }
34  }
```

图 16-9　UI 测试

运行程序，单击首页模块、汽车列表，单击第一个汽车列表 CarShopUITests.swift 的 testExample 方法，会自动生成如下的测试代码。

```
1 | func testExample{
2 |   let app = XCUIApplication()
3 |   app.buttons["icon back@2x"].tap()
4 |   app.tables.staticTexts["奥迪"].tap()
5 | }
```

上述代码 UI 测试表示没有问题。如果有问题，会出现和单元测试类似的报错现象。若报错，可以分析测试代码的语法，以便自己手动修改或者手写测试代码。在 iOS 开发中，我们只需要掌握简单的 UI 测试工具即可。

16.4 本章小结

本章主要向大家讲解如何使用 Xcode 自带的测试框架 XCTest 进行单元测试和 UI 测试。

16.5 思考练习

1. 使用 XCTest 框架对汽车商城项目的汽车详情界面进行单元测试。
2. 使用 XCTest 框架对汽车商城项目的汽车列表界面进行 UI 测试。

附录

1. Swift 学习文档

苹果公司为 Swift 开发者提供如下官方文档入口。

（1）Welcome to Swift

（2）Swift Programming Language

（3）Using Swift with Cocoa and Objective-C

（4）App Extension Programming Guide

（5）iOS Human Interface Guidelines

（6）Swift-Blog-Apple Developer

2. Swift 学习教程

（1）官方教程

❏ Swift 入门。

❏ Swift 进阶。

❏ Testing with Xcode：本文的目的在于让测试成为软件开发的重要组成部分，并使测试更易于使用。

（2）快速入门

❏ Swift Cheat Sheet（PDF）：形式以代码先行，是极简且有效的 Swift 语言快速学习指南。另一个更新版本：iOS8 Swift Cheat Sheet and Quick Reference Guide。

❏ An Absolute Beginner's Guide to Swift：相比 Swift Cheat Sheet 增加了很多说明，可读性强。

❏ Swift Language FAQ：Raywenderlich 的 Swift 语言 FAQ 阐明很多问题。这份 FAQ 是初学者不可或缺的好文章！

❏ Strings in Swift：了解使用 String 的更高级技巧（尤其在 Unicode 的使用上）。作者在 Playground 项目中附上了示例代码。

3. Swift 学习网站

（1）苹果开发者官方网站

（2）开源中国

（3）GitHub

（4）CocoaChina

（5）Code4App

（6）Swift 学习网

（7）SwiftV 课堂

4. Swift 学习视频

Apple Swift 语言基础视频教程（博为峰网校）

欢迎来到异步社区！

异步社区的来历

异步社区（www.epubit.com.cn）是人民邮电出版社旗下 IT 专业图书旗舰社区，于 2015 年 8 月上线运营。

异步社区依托于人民邮电出版社 20 余年的 IT 专业优质出版资源和编辑策划团队，打造传统出版与电子出版和自出版结合、纸质书与电子书结合、传统印刷与 POD 按需印刷结合的出版平台，提供最新技术资讯，为作者和读者打造交流互动的平台。

社区里都有什么？

购买图书

我们出版的图书涵盖主流 IT 技术，在编程语言、Web 技术、数据科学等领域有众多经典畅销图书。社区现已上线图书 1000 余种，电子书 400 多种，部分新书实现纸书、电子书同步出版。我们还会定期发布新书书讯。

下载资源

社区内提供随书附赠的资源，如书中的案例或程序源代码。

另外，社区还提供了大量的免费电子书，只要注册成为社区用户就可以免费下载。

与作译者互动

很多图书的作译者已经入驻社区，您可以关注他们，咨询技术问题；可以阅读不断更新的技术文章，听作译者和编辑畅聊好书背后有趣的故事；还可以参与社区的作者访谈栏目，向您关注的作者提出采访题目。

灵活优惠的购书

您可以方便地下单购买纸质图书或电子图书，纸质图书直接从人民邮电出版社书库发货，电子书提供多种阅读格式。

对于重磅新书，社区提供预售和新书首发服务，用户可以第一时间买到心仪的新书。

用户账户中的积分可以用于购书优惠。100 积分 =1 元，购买图书时，在　　　里填入可使用的积分数值，即可扣减相应金额。

纸电图书组合购买

社区独家提供纸质图书和电子书组合购买方式，价格优惠，一次购买，多种阅读选择。

社区里还可以做什么？

提交勘误

您可以在图书页面下方提交勘误，每条勘误被确认后可以获得100积分。热心勘误的读者还有机会参与书稿的审校和翻译工作。

写作

社区提供基于 Markdown 的写作环境，喜欢写作的您可以在此一试身手，在社区里分享您的技术心得和读书体会，更可以体验自出版的乐趣，轻松实现出版的梦想。

如果成为社区认证作译者，还可以享受异步社区提供的作者专享特色服务。

会议活动早知道

您可以掌握 IT 圈的技术会议资讯，更有机会免费获赠大会门票。

加入异步

扫描任意二维码都能找到我们：

异步社区	微信服务号	微信订阅号	官方微博	QQ群：436746675

社区网址：www.epubit.com.cn

投稿 & 咨询：contact@epubit.com.cn